图解
数控车削编程与操作

常晓俊　赵涓涓　主编

U0296619

科 学 出 版 社

北 京

内 容 简 介

　　本书共7章，主要内容包括：数控车床加工基础知识、数控车削编程简单指令、循环指令、子程序应用、宏程序加工、数控车削编程综合应用、数控车床操作及维护与保养等。

　　本书注重从数控车削编程的每个细节作详尽地解析，并配以相应的图例作充分说明，图文并茂、通俗易懂、轻松上手，适合任何一个无经验、零起点的读者。本书可读性强、可操作性强，是一本数控车削入门级专业技术书籍。

　　本书可作为工科院校数控专业学生和教师的教学用书，也可作为数控加工企业的初、中级技术工人的技能培训教材。

图书在版编目（CIP）数据

图解数控车削编程与操作 / 常晓俊，赵涓涓主编. —北京：科学出版社，2016.1（2022.7重印）

（看图学数控编程与操作）

ISBN　978-7-03-046438-5

Ⅰ.图…　Ⅱ.①常…　②赵…　Ⅲ.①数控机床-车床-车削-程序设计-图解②数控机床-车床-车削-加工-图解　Ⅳ.①TG519.1-64

中国版本图书馆CIP数据核字（2015）第274542号

责任编辑：张莉莉　杨　凯 / 责任制作：魏　谨
责任印制：张　伟 / 封面设计：刘素霞

北京东方科龙图文有限公司 制作

http://www.okbook.com.cn

科 学 出 版 社 出版
北京东黄城根北街16号
邮政编码：100717
http://www.sciencep.com

北京建宏印刷有限公司 印刷

科学出版社发行　各地新华书店经销

*

2016年1月第　一　版　　开本：720×1000　1/16
2022年7月第三次印刷　　印张：13 1/2
字数：256 000

定价：45.00元
（如有印装质量问题，我社负责调换）

前　言

本书以目前国内主流、典型的FANUC系统数控车床为写作背景，紧紧围绕数控车削加工中的工艺、编程与操作等核心内容进行全面、系统地阐述。

在本书编写过程中，注重结合我国数控技术、机械工程专业领域人才需求的实际情况，从培养技术应用型人才的目的出发，着重对数控车削加工编程人员、操作人员的理论基础及实践能力进行培养，引入大量典型零件的数控加工实例，并配以零件的实体模型及图解，由简单到复杂，使读者对每个零件任务的加工都有很直观的了解，对其内容也能够深入理解，帮助读者逐步掌握编程思路，以达到满意的效果。

本书按照读者的学习规律和学习特点，从易到难，由浅入深，在每个指令项目的引领下以图解的方式完成任务所需的理论知识和实操技能。在基础入门和指令详解编写过程中，注重从每个细节作详尽地解析，并结合数控车削编程特点，都配以相应的图做充分说明，图文并茂，通俗易懂，轻松入手，适合任何一个无技巧、无经验、零起点的读者。可读性强，可操作性强。内容共分为7章，包括：数控车床加工基础知识、数控车削编程简单指令、循环指令、子程序应用、宏程序加工、数控车削编程综合应用、数控车床操作及维护与保养等。

本书具有以下特色：

（1）打破了学科体系，突出了以能力为本位的要求，在基础知识选择上，以"必需、够用"为原则，体现了针对性和实践性。

（2）完善的知识体系。从基础入门、指令详解到综合应用，分模块类型的方式编排，采用阶梯式教学方法。另外，在每个指令详解后，紧跟着实例应用，能加深和巩固知识的理解和掌握。

（3）综合应用突出细节。本书第6章精选数控车削典型零件类型，统一采用工艺分析＋程序编制的结构编排，从零件图识别→工艺处理→工件装夹→刀具选择→工件坐标系设定→走刀轨迹确定→切削用量选定→部分轨迹节点计算→程序编制的线索进行详细分析，并配有相应的图解，程序当中有相应的注释。概念严谨，指导性强，最终达到精通的目的。

（4）将数控编程与操作紧密结合，突出实践环节的机床基本操作步骤、操作规程及方法，一步一步指引，逐步提高读者的使用操作能力，注重现实社会发展和就业需求，以培养职业岗位群的综合能力为目标，强化应用，有针对性地培养读者较强的职业技能。

本书由山西工程职业技术学院常晓俊、赵涓涓主编，山西工程职业技术学院姚瑞敏、杨宜宁，太原技师学院卫新晶参编。其中，杨宜宁编写第1章；赵涓涓编写第2、3、5章和第6章部分内容；姚瑞敏编写第4章和第6章部分内容；卫新晶编写第7章。全书由山西工程职业技术学院常晓俊负责统稿，由晋西机器工业集团有限责任公司培训中心霍军伍主审。

本书编写过程中，参阅了大量国内外同行的专著、教材、论文等专业文献，也浏览了众多精品课程网站和专业公司网站，并到相关企业进行了调研，同时得到山西汾西重工有限责任公司工程师史鹏及其他许多同行专家、学者的支持和帮助，在此一并致谢。

由于编者水平有限，书中错误和不妥之处在所难免，恳请读者批评指正，以尽早修订完善。

编　者

目　录

第 7 章 数控车床操作面板及机床的基本操作

第 1 章

数控车床加工基础知识

1.1 认识数控车床

1.1.1 数控车床基本组成及工作原理

1. 数控车床的基本组成

数控车床又称为CNC（Computer Numerical Control）车床，即用计算机数字控制的车床。数控车床是一种用数字化代码作指令，由数字控制系统进行控制的自动化车床。它是综合应用了电子技术、计算机技术、自动控制、精密测量和机床设计等领域的先进技术成就而发展起来的一种新型自动化车床。

数控车床主要由输入/输出设备、数控系统、伺服系统、驱动装置、位置检测反馈装置和车床本体组成。图1.1所示为数控车床外观。图1.2所示为数控车床的结构简图。

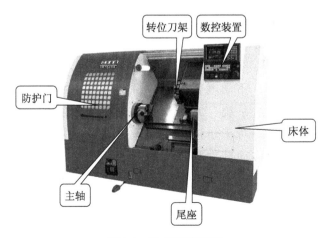

图1.1　数控车床外观

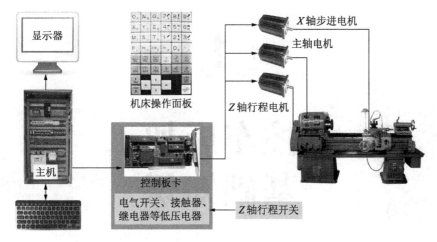

图1.2　数控车床的结构简图

1）输入/输出设备

输入装置是将各种加工信息传递给计算机的外部设备。在数控机床产生初期，输入装置为穿孔纸带，现已淘汰，后发展成盒式磁带，再发展成键盘、磁盘等便携式硬件，极大方便了信息输入工作，现通用DNC网络通信串行通信的方式输入。

输出是指输出内部工作参数（含机床正常、理想工作状态下的原始参数、故障诊断参数等），一般在机床刚工作状态需输出这些参数作记录保存，待机床工作一段时间后，再将输出与原始资料作比较、对照，可帮助判断机床工作是否维持正常。

2）数控系统

数控系统是数控车床的核心，数控系统由信息的输入、处理和输出三个部分组成。数控系统接受数字化信息，经过数控装置的控制软件和逻辑电路进行译码、插补、逻辑处理后，将各种指令信息输出给伺服系统，伺服系统驱动执行部件作进给运动。

3）伺服系统

伺服系统由驱动器、驱动电机组成，并与车床上的执行部件和机械传动部件组成数控车床的进给系统。它的作用是把来自数控装置的脉冲信号转换成车床移动部件的运动。对于步进电机来说，每一个脉冲信号使电机转过一个角度，进而带动机床移动部件移动一个微小距离。每个进给运动的执行部件都有相应的伺服驱动系统，车床的性能主要取决于伺服系统。

4）驱动装置

驱动装置把经放大的指令信号转变为机械运动，通过简单的机械连接部件驱动机床，使工作台精确定位或按规定的轨迹作严格的相对运动，最后加工出图纸所要求的零件。和伺服单元相对应，驱动装置有步进电机、直流伺服电机和交流伺服电机等。

伺服单元和驱动装置可合称为伺服驱动系统，它是机床工作的动力装置，CNC装置的指令要靠伺服驱动系统付诸实施，所以，伺服驱动系统是数控机床的重要组成部分。

5）位置检测装置

位置检测装置也称为反馈元件，包括光栅、旋转编码器、激光测距仪、磁栅等。通常安装在机床的工作台或丝杠上，它把机床工作台的实际位移转变成电信号反馈给CNC装置，供CNC装置与指令值比较产生误差信号，以控制机床向消除该误差的方向移动。

6）车床本体

数控车床的机床本体与传统车床相似，由主轴传动装置、进给传动装置、床身、工作台以及辅助运动装置、液压气动系统、润滑系统、冷却装置等组成。但数控车床在整体布局、外观造型、传动系统、刀具系统的结构以及操作机构等方面都已发生了很大的变化，这种变化的目的是为了满足数控机床的要求和充分发挥数控机床的特点。

2. 数控车床的工作原理

一般在使用数控机床时，首先要将被加工零件图纸的几何信息和工艺信息用规定的代码和格式编写成加工程序；然后将加工程序输入到数控装置。数控装置按照程序的要求，经过数控系统信息处理、分配，使各坐标移动若干个最小位移量，实现刀具与工件的相对运动，完成零件的加工。数控机床的工作过程如图1.3所示。

数控车床工作大致分为下面4个步骤。

（1）根据零件图要求的加工技术内容，进行数值计算、工艺处理和程序设计。

（2）将数控程序按数控车床规定的程序格式编制出来，并将加工程序输入到数控装置。

（3）由数控系统接收数控程序，并对其进行译码。再转换为控制X、Z等方向运动的电脉冲信号，以及其他辅助处理信号，向数控装置的输出端口以脉冲信号的形式发出，要求伺服系统进行执行。

（4）根据X、Z等运动方向的电脉冲信号由伺服系统处理并驱动机床的驱动装置动作，使车床自动完成相应零件的加工。

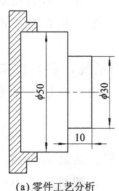

(a) 零件工艺分析

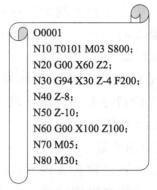

```
O0001
N10 T0101 M03 S800;
N20 G00 X60 Z2;
N30 G94 X30 Z-4 F200;
N40 Z-8;
N50 Z-10;
N60 G00 X100 Z100;
N70 M05;
N80 M30;
```

(b) 编写零件加工程序

(c) 向机床输入零件加工程序

(d) 程序指令发送到数控机床，刀具与工件的相对运动

(e) 最终完成零件加工

图1.3　数控机床的工作过程

1.1.2　数控车床的主要工艺用途

数控车床的主要工艺用途如下：

（1）数控车床能加工精度要求高、形状更加复杂的回转体零件。

（2）数控车床主要用于对各种回转表面进行车削加工（图1.4）。在数控车床上可以进行内外圆柱面、圆锥面、成形回转面、螺纹面、高精度的曲面以及端面螺纹的加工。

（3）数控车床上所使用的刀具有螺纹刀、切槽刀以及钻头、铰刀、镗刀等孔加工刀具（图1.5）。

（4）数控车床加工零件的尺寸精度可达IT5～IT6，表面粗糙度Ra可达1.6μm以下。

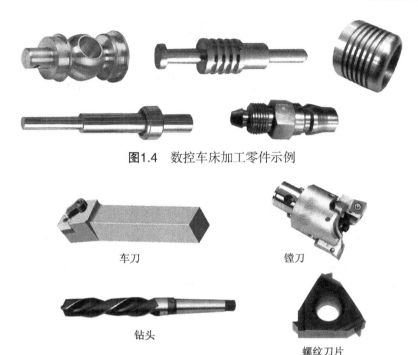

图1.4 数控车床加工零件示例

车刀

镗刀

钻头

螺纹刀片

图1.5 数控车床常见刀具

1.1.3 数控车床坐标系的设定

1. 建立坐标系的基本原则

（1）假定工件静止，刀具相对于工件移动（图1.6）。

车刀进给方向

图1.6 假定工件静止，刀具相对于工件移动

（2）坐标系采用右手直角笛卡儿坐标系。如图1.7所示，大拇指的方向为X轴的正方向，食指指向为Y轴的正方向，中指指向为Z轴的正方向。在确定了X、Y、Z坐标的基础上，根据右手螺旋法则，可以很方便地确定出A、B、C三个旋转坐标的方向。

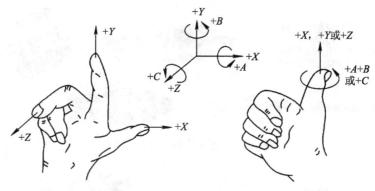

图1.7 右手笛卡儿直角坐标系

（3）规定 Z 坐标的运动由传递切削动力的主轴决定，与主轴轴线平行的坐标轴即为 Z 轴，X 轴为水平方向，平行于工件装夹面并与 Z 轴垂直。

（4）规定以刀具远离工件的方向为坐标轴的正方向。

依据以上的原则，当车床为前置刀架时，X 轴正向向前，指向操作者，如图1.8所示；当机床为后置刀架时，X 轴正向向后，背离操作者，如图1.9所示。

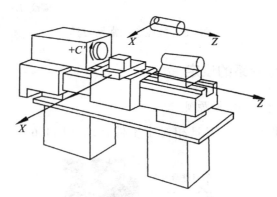

图1.8 水平床身前置刀架式数控车床的坐标系

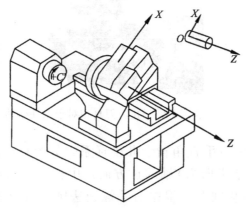

图1.9 倾斜床身后置刀架式数控车床的坐标系

知识加油站

前置刀架数控车床和后置刀架数控车床

通常根据刀台与操作者的位置来判定，刀架与操作者同侧，为前置刀架数控车床；反之，刀架与操作者不同侧或对面，则为后置刀架数控车床，如图1.10所示。

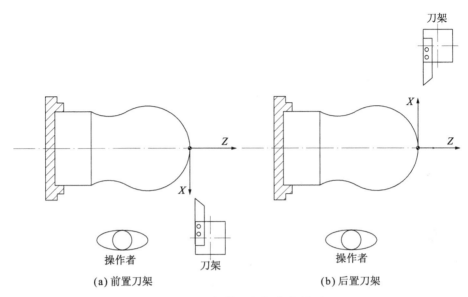

(a) 前置刀架   (b) 后置刀架

图1.10 刀架位置与操作者关系

2. 机床坐标系

机床坐标系是以机床原点为坐标系原点建立起来的 ZOX 轴直角坐标系。

1）机床原点

机床原点（又称为机械原点）即机床坐标系的原点，是机床上的一个固定点，其位置是由机床设计和制造厂家确定的，通常不允许用户改变。数控车床的机床原点一般为主轴回转中心与卡盘后端面的交点，如图1.11所示。

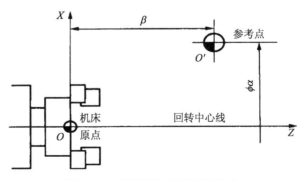

图1.11 机床原点与机床参考点

2）机床参考点

机床参考点也是机床上的一个固定点，它是用机械挡块或电气装置来限制刀架移动的极限位置。主要作用是用来给机床坐标系一个定位。因为如果每次开机后无论刀架停留在哪个位置，系统都把当前位置设定成（0，0），这就会造成基准的不统一。

数控车床在开机后首先要进行回参考点（也称回零点）操作。机床在通电之后，返回参考点之前，不论刀架处于什么位置，此时CRT显示器上显示的Z与X的坐标值均为0。只有完成了返回参考点操作后，刀架运动到机床参考点，此时CRT显示器上显示出刀架基准点在机床坐标系中的坐标值，即建立了机床坐标系。

1.2　数控车削刀具

1.2.1　车刀的种类及用途

数控车削刀具是指与先进高效的数控车床相配套使用的各种车刀的总称，是数控车床不可缺少的关键配套产品，数控车刀以其高效、精密、高速、耐磨、高耐用度和良好的综合切削性能取代了传统的车刀。

1. 整体车刀、焊接车刀和机械夹固式车刀（简称机夹车刀）

从车刀的刀体与刀片的连接情况看，可分为整体车刀、焊接车刀和机械夹固式车刀（图1.12）。

（1）整体车刀主要是指整体高速钢车刀，截面为正方形或矩形，使用时可根据不同用途进行刃磨。整体车刀耗用刀具材料较多，一般只用作切槽、切断刀使用。

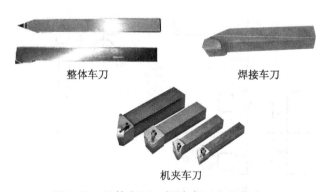

整体车刀　　　　　　　　焊接车刀

机夹车刀

图1.12　整体车刀、焊接车刀和机夹车刀

（2）焊接车刀是将硬质合金刀片用焊接的方法固定在普通碳钢刀体上。它的优点是结构简单、紧凑、刚性好、使用灵活、制造方便，缺点是由于焊接产生的应力会降低硬质合金刀片的使用性能，有的车刀甚至会产生裂纹。

（3）机械夹固式车刀简称机夹车刀。根据使用情况不同，又分为机夹重磨车刀和机夹可转位车刀。可转位车刀的刀片夹固机构应满足夹紧可靠、装卸方便、定位精确等要求。

2. 尖形车刀、圆弧形车刀和成形车刀

数控车削时，从刀具移动轨迹与形成轮廓的关系看，经常把车刀分为三类，即尖形车刀、圆弧形车刀和成形车刀。

（1）尖形车刀。以直线形切削刃为特征的车刀一般称为尖形车刀。这类车刀的刀尖（同时也为其刀位点)由直线形的主、副切削刃构成，例如：刀尖倒棱很小的各种外圆和内孔车刀，左、右端面车刀，切断（车槽）车刀。用这类车刀加工零件时，其零件的轮廓形状主要由一个独立的刀尖或一条直线形主切削刃位移后得到的加工结果。尖形车刀刀尖作为刀位点，刀尖移动形成零件的曲面轮廓。

（2）圆弧形车刀。圆弧形车刀是较为特殊的数控加工用车刀。其特征是：构成主切削刃的刀刃形状为一圆度误差或轮廓度误差很小的圆弧；该圆弧刃每一点都是圆弧形车刀的刀尖。因此，刀位点不在圆弧上，而在该圆弧的圆心上。

圆弧形车刀特别适宜于车削各种光滑连接（凹形）的成形面。对于某些精度要求较高的凹曲面车削或大外圆弧面的批量车削，以及尖形车刀所不能完成加工的过象限的圆弧面，宜选用圆弧形车刀进行。圆弧形车刀具有宽刃切削（修光）性质，能使精车余量保持均匀而改善切削性能，还能一刀车出跨多个象限的圆弧面。

知识加油站

什么叫做过象限的圆弧面？

过象限的圆弧面，也就是跨象限的圆弧面，同时包含两个或多个象限的圆弧面，如图1.13所示。在 XOZ 坐标系下，①号圆弧只存在于 ZOX 第四象限中，没有跨越 X 轴或 Z 轴，所以①号圆弧不是过象限圆弧。而②号圆弧不仅存在于 ZOX 第四象限，而且跨越了 X 轴，到达第三象限，所以②号圆弧是过象限圆弧。

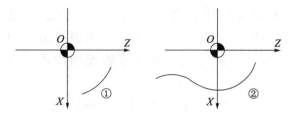

图1.13   过象限圆弧

（3）成形车刀。成形车刀俗称样板车刀，其加工零件的轮廓形状完全由车刀刀刃的形状和尺寸决定。数控车削加工中，常见的成形车刀有小半径圆弧车刀（圆弧半径等于加工轮廓的圆角半径）、非矩形车槽刀和螺纹车刀等。在数控加工中选用成形车刀时，应在工艺准备的文件或加工程序单上进行详细的规格说明。

尖形车刀、圆弧形车刀和成形车刀如图1.14所示。

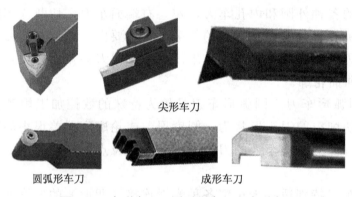

尖形车刀

圆弧形车刀   成形车刀

图1.14   尖形车刀、圆弧形车刀和成形车刀

3. 高速钢刀具、硬质合金刀具

从制造所采用的材料上可分为高速钢刀具、硬质合金刀具、陶瓷刀具和立方氮化硼刀具等。

（1）高速钢刀具。高速钢通常是型坯材料，韧性较硬质合金好，硬度、耐磨性和红硬性，较硬质合金差，不适于切削硬度较高的材料，也不适于进行高速切削。高速钢刀具使用前需生产者自行刃磨，且刃磨方便，适于各种特殊需要的非标准刀具。

（2）硬质合金刀具。硬质合金刀片切削性能优异，在数控车削中被广泛使用。硬质合金刀片有标准规格系列产品，具体技术参数和切削性能由刀具生产厂家提供。

硬质合金刀片按国际标准ISO 513—2012分为三大类：P类，M类和K类。

P类：适于加工钢、长切屑的可锻铸铁（相当于我国的YT类）。

M类：适于加工奥氏体不锈钢、铸铁、高锰钢、合金铸铁等（相当于我国的YW类）。

M-S类：适于加工耐热合金和钛合金。

K类：适于加工铸铁、冷硬铸铁、短屑可锻铸铁、非钛合金（相当于我国的YG类）。

K-N类：适于加工铝、非铁合金。

K-H类：适于加工淬硬材料。

4. 从切削工艺上分类

从切削工艺上车刀可分为三类：圆表面切削刀具、端面切削刀具和中心孔类刀具，如图1.15所示。

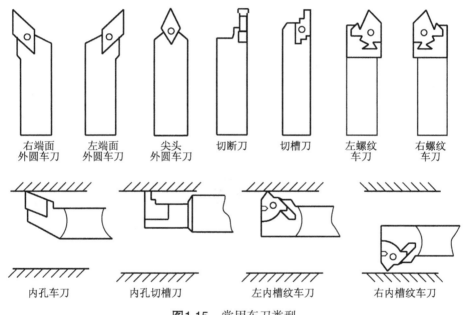

图1.15 常用车刀类型

5. 机夹可转位车刀

1）可转位刀具的概念

可转位刀具是将具有数个切削刃的多边形刀片，用夹紧元件、刀垫，以机械夹固方法，将刀片夹紧在刀体上。当刀片的一个切削刃用钝以后，只要把夹紧元件松开，将刀片转一个角度，换另一个新切削刃并重新夹紧就可以继续使用。当所有切削刃用钝后，换一块新刀片即可继续切削，不需要更换刀体。

可转位刀具一般由刀片、刀垫、夹紧元件和刀体组成，如图1.16所示。

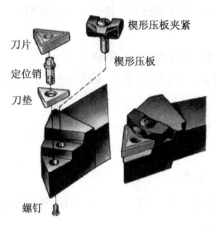

图1.16　可转位刀具的结构组成

刀片：承担切削，形成被加工表面。

刀垫：保护刀体，确定刀片（切削刃）位置。

夹紧元件：夹紧刀片和刀垫。

刀体：刀片及刀垫的载体，承担和传递切削力及切削扭矩，完成刀片与机床的连接。

机夹车刀实物如图1.17所示。

图1.17　机夹车刀实物

2）可转位刀片的特点

可转位刀片与焊接式刀片相比具有以下特点：

（1）刀片成为独立的功能元件，更利于根据加工对象选择各种材料的刀片，刀片材料可采用硬质合金，也可采用陶瓷、多晶立方氮化硼或多晶金刚石，切削性能得到了扩展和提高。

（2）机械夹固式避免了焊接工艺的影响和限制，避免了硬质合金钉焊时容易产生裂纹的缺点，而且可转位刀具的刀体可重复使用，节约了钢材和制造费用，因此其经济性好。

（3）由于可转位刀片是标准化和集中生产的，刀片几何参数易于一致，换另一个新切削刃或新的刀片后，切削刃空间位置相对刀体固定不变，节省了换刀、对刀等所需的辅助时间，提高了机床的利用率。

（4）可转位刀具的发展极大地促进了刀具技术的进步，同时可转位刀体的专业化、标准化生产又促进了刀体制造工艺的发展。可转位刀具的应用范围很广，包括各种车刀、撞刀、铣刀、外表面拉刀、大直径深孔钻和套料钻等。

3）可转位刀片的型号及表示方法

依据《切削刀具用可转位刀片型号表示规则》（GB/T 2076—2007），可转位刀片的型号表示规则用9个代号表征刀片的尺寸及其他特性。代号（1）～（7）是必须的，代号（8）和（9）在需要时添加，如图1.18（a）所示。

	(1)	(2)	(3)	(4)	(5)	(6)	(7)	(8)	(9)	(13)
公制	T	P	G	N	16	03	08	E	N	- ⋯
英制	T	P	G	N	3	2	2	E	N	- ⋯

(a) 一般表示规则

	(1)	(2)	(3)	(4)	(5)	(6)	(7)	(8)	(10)	(9)	(11)	(12)	(13)
切削刀片	S	N	M	A	15	06	08	E		(N)	B	L	- ⋯
磨削刀片	T	P	G	T	16	T3	AP	S	01520	R	M	028	- ⋯

(b) 镶片式刀片的型号表示规则

(1)	字母代号表示	刀片形状	
(2)	字母代号表示	刀片法后角	表征可转位刀片的必需代号
(3)	字母代号表示	允许偏差等级	
(4)	字母代号表示	夹固形式及有无断屑槽	
(5)	数字代号表示	刀片长度	
(6)	数字代号表示	刀片厚度	
(7)	字母或数字代号表示	刀尖角形状	
(8) *	字母代号表示	切削刃截面形状	按照ISO16462、ISO16463表征镶嵌或整体切削刀片的必需代号，特别说明的除外
(9) *	字母代号表示	切削方向	
(10) **	数字代号表示	切削刃长度	
(11)	字母代号表示	镶嵌或整体切削刃类型及镶嵌角数量	
(12)	字母或数字代号表示	镶刃长度	
(13)	制造商代号或符合GB/T 2075规定的切削材料表示代号		

注：*可转位刀片和镶片式刀片的可选代号。
**镶片式刀片的可选代号。

(c) 型号表示规则中各代号的意义

图1.18 可转位刀片的型号及表示方法

镶片式刀片的型号表示规则用12个代号表征刀片的尺寸及其他特性。代号（1）～（7）和（11）、（12）是必须的，代号（8）、（9）和（10）是在需要时添加，代号（11）（12）与代号（9）之间用短横线"-"隔开，如图1.18（b）所示。型号表示规则中各代号的意义如图1.18（c）所示。

除标准代号之外，刀具制造商可以用补充代号（13）表示一个或两个刀片特征，以更好地描述其产品（如不同槽型）。该代号应用短横线"-"与标准代号隔开，并不得使用（8）、（9）和（10）位已用过的代号。

1.2.2　刀具的选择

1．数控车刀选择的总原则

为了适应数控加工高速、高效和高自动化程度等特点，数控加工刀具应比传统加工用刀具具有更高的要求。刀具选择的总原则是：安装调整方便、刚性好、耐用度和精度高。在满足加工要求的前提下，尽量选择较短的刀柄，以提高刀具加工的刚性。

在性能上，数控加工刀具应满足如下要求。

1）刀具材料应具有高的可靠性

数控加工刀具材料应具有高的耐热性、抗热冲击性和高温力学性能；随着科学技术的发展，对工程材料提出了愈来愈高的要求，各种高强度、高硬度、耐腐蚀和耐高温的工程材料愈来愈多地被采用，数控加工刀具应能适应难加工材料和新型材料加工的需要。

2）数控刀具应具有高的精度

数控加工要求刀具的制造精度要高，尤其在使用可转位结构的刀具时，对刀片的尺寸公差、刀片转位后刀尖空间位置尺寸的重复精度，都有严格的精度要求。

3）数控刀具应能实现快速更换

数控刀具应能适应快速、准确的自动装卸，要求刀具互换性好、更换迅速、尺寸调整方便、安装可靠、换刀时间短。

4）数控刀具应系列化、标准化和通用化

数控刀具应实现系列化、标准化和通用化，可尽量减少刀具规格，便于刀具管理，降低加工成本，提高生产效率。

5）数控刀具应可靠地断屑或卷屑

为了保证生产稳定进行，数控刀具应能可靠地断屑或卷屑。

2．车刀的几何角度的选择

选择刀具切削部分的合理几何角度，就是指在保证加工质量的前提下，能满足提高生产率和降低生产成本的车刀几何参数。合理选择刀具几何参数是保证加工质量、提高效率、降低成本的有效途径。

1）前角、后角的选择

车刀的前角和后角示意图如图1.19所示。前角增大，使刃口锋利，利于切下切屑，能减少切削变形和摩擦，降低切削力、切削温度，减少刀具磨损，改善加工质量等。但前角过大，会导致刀具强度降低、散热体积减小、刀具耐用度下降，容易造成崩刃。减小前角，可提高刀具强度，增大切屑变形，且易断屑。前角值不能太小也不能太大，应有一个合理的参数值。

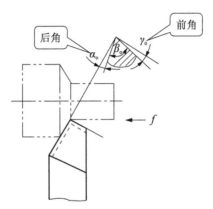

图1.19 车刀的前角与后角

后角的主要功用是减小刀具后面与工件的摩擦，减轻刀具磨损。后角减小使刀具后面与工件表面间的摩擦加剧，刀具磨损加大，工件冷硬程度增加，加工表面质量差。后角增大使摩擦减小，刀具磨损减少，提高了刃口锋利程度。但后角过大会减小刀刃强度和散热能力。

粗加工时以确保刀具强度为主，后角可取较小值；当工艺系统刚性差，易产生振动时，为增强刀具对振动的阻尼作用，宜选用较小的后角。精加工时以保证加工表面质量为主，后角可取较大值。

2）主偏角、副偏角的选用

车刀的主偏角、副偏角的示意图如图1.20所示。调整主偏角可改变总切削力的作用方向，适应系统刚度。如增大主偏角，使背向力（总切削力在吃刀方向上的切削分力）减小，可减小振动和加工变形。主偏角减小，刀尖角增大，刀具强度提高，散热性能变好，刀具耐用度提高。还可降低已加工表面残留面积的高度，提高表面质量。

副偏角的功用主要是减小副切削刃和已加工表面的摩擦。使主、副偏角减小，同时刀尖角增大，可以显著减小残留面积的高度，降低表面粗糙度

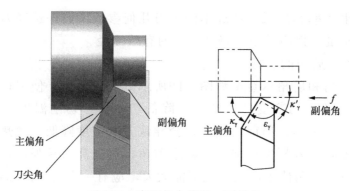

图1.20 车刀的主偏角、副偏角

值，使散热条件好转，从而提高刀具耐用度。但副偏角过小，会增加副后刀面与工件之间的摩擦，并使径向力增大，易引起振动。同时还应考虑主、副切削刃干涉轮廓的问题。

3）刃倾角选用

刃倾角表示刀刃相对基面的倾斜程度（图1.21），刃倾角主要影响切屑流向和刀尖强度。切削刃刀尖端倾斜向上，刃倾角为正值，切削开始时刀尖与工件先接触，切屑流向待加工表面，可避免缠绕和划伤已加工表面，对精加工和半精加工有利。切削刃刀尖端倾斜向下，刃倾角为负值，切削开始时刀尖后接触工件，切屑流向已加工表面；在粗加工开始，尤其是断续切削时，可避免刀尖受冲击，起保护刀尖的作用，并可改善刀具散热条件。

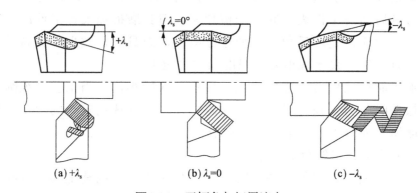

图1.21 刃倾角与切屑流向

3. 车刀材料的选择

数控加工用刀具材料必须根据所加工的工件和加工性质来选择。刀具材料的选用应与加工对象合理匹配。二者的力学性能、物理性能和化学性能相匹配，以获得最长的刀具寿命和最大的切削加工生产率。

1）切削刀具材料与加工对象的力学性能匹配

切削刀具与加工对象的力学性能匹配问题主要是指刀具与工件材料的强度、韧性和硬度等力学性能参数要相匹配。具有不同力学性能的刀具材料所适合加工的工件材料有所不同。高硬度的工件材料，必须用更高硬度的刀具来加工，刀具材料的硬度必须高于工件材料的硬度，一般要求在60 HRC以上。刀具材料的硬度越高，其耐磨性就越好。具有优良高温力学性能的刀具尤其适合于高速切削加工。

刀具材料硬度顺序为：金刚石刀具＞立方氮化硼刀具＞陶瓷刀具＞硬质合金刀具＞高速钢刀具。

刀具材料的抗弯强度顺序为：高速钢刀具＞硬质合金刀具＞陶瓷刀具＞金刚石和立方氮化硼刀具。

刀具材料的韧性大小顺序为：高速钢刀具＞硬质合金刀具＞立方氮化硼、金刚石和陶瓷刀具。

2）切削刀具材料与加工对象的物理性能匹配

具有不同物理性能的刀具，如高导热和低熔点的高速钢刀具、高熔点和低热胀的陶瓷刀具、高导热和低热胀的金刚石刀具等，所适合加工的工件材料有所不同。加工导热性差的工件时，应采用导热较好的刀具材料，以使切削热得以迅速散出而降低切削温度。金刚石由于导热系数及热扩散率高，切削热容易散出，不会产生很大的热变形，这对尺寸精度要求很高的精密加工刀具来说非常重要。

3）切削刀具材料与加工对象的化学性能匹配

切削刀具材料与加工对象的化学性能匹配问题主要是指刀具材料与工件材料化学亲和性、化学反应、扩散和溶解等化学性能参数要相匹配。材料不同的刀具所适合加工的工件材料有所不同。

各种刀具材料抗黏结温度高低（与钢）的顺序为：PCBN（聚晶立方氮化硼）＞陶瓷＞硬质合金＞HSS（高速工具钢）。

各种刀具材料抗氧化的温度高低的顺序为：陶瓷＞PCBN＞硬质合金＞金刚石＞HSS。

各种刀具材料的扩散强度大小（对钢铁）为：金刚石＞Si_3N_4基陶瓷＞PCBN＞Al_2O_3基陶瓷。扩散强度大小（对钛）为：Al_2O_3基陶瓷＞PCBN＞SiC＞Si_3N_4＞金刚石。

1.2.3　刀具的装夹

常规车削刀具为长条形方刀体或圆柱刀杆。方形刀体一般用槽形刀架螺钉紧固方式固定。圆柱刀杆是用套筒螺钉紧固方式固定。它们与机床刀盘之间是通过槽形刀架和套筒接杆来连接的。

车刀安装的注意事项如下：

（1）车刀刀尖一般应与工件轴线等高（图1.22）。数控车床车刀刀尖若与工件轴线不等高，将会因基面和切削平面的位置发生变化，而改变车刀工作前角和后角的大小。当刀尖高于轴线时，会使后角减小，增大车刀后刀面和工件间的摩擦，影响工件质量和减小刀具寿命；当刀尖低于工件轴线时，会使前角减小，导致切削不顺利。

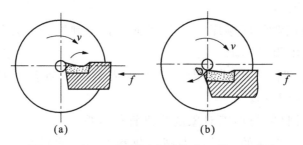

图1.22 车刀刀尖不对准工件中心使刀尖崩碎

（2）车刀伸出刀架的长度要适当。车刀安装在刀架上，一般伸出刀架的长度为刀杆厚度的1～1.5倍，不宜过长，伸出过长会使刀杆刚性变差，切削时易产生振动，影响工件的表面粗糙度和刀具寿命。数控车床伸出太短，会影响排屑和操作者观察切削情况。

（3）数控车床车刀垫铁要平整，数量愈少愈好，而且垫铁应与刀架对齐，以防产生振动。

（4）数控车床车刀至少要用两个螺钉压紧在刀架上，并轮流逐个拧紧，拧紧力量要适当。

（5）数控车床车刀刀杆中心线应与进给方向垂直，否则会使主偏角和副偏角的数值发生变化。

1.3 数控车床典型加工工艺路线

数控加工工艺是采用数控机床加工零件时所运用各种方法和技术手段的总和，应用于整个数控加工工艺过程。数控加工工艺是伴着数控机床的产生、发展而逐步完善起来的一种应用技术，是人们大量数控加工实践的总结。

数控加工工艺是数控编程的前提和依据，没有符合实际的、科学合理的数控加工工艺，就不可能有真正可行的数控加工程序。数控编程就是将制定的数控加工工艺内容程序化。

数控车床典型加工工艺编制步骤如下。

1. 零件图的工艺分析

根据零件图,分析零件图是否完整、正确,零件的视图是否正确、清楚,尺寸、公差、表面粗糙度及有关技术要求是否齐全、明确,想象该零件的结构形状,一般按先外后内,先主后次的顺序进行分析。

2. 确定生产类型

生产类型的不同,产品和零件的制造工艺,所用设备及工艺设备,采取的技术措施,达到的技术经济效果等也不同。一般分为大量生产、成批生产与单件小批量生产。

3. 确定毛坯的种类和尺寸

1）毛坯的种类

铸件适用于形状复杂的毛坯,锻件适用于零件强度较高,形状较简单的零件。热轧型材的尺寸较大,精度低,多用作一般零件的毛坯。对于大件来说,焊接件简单、方便,特别是单件小批量生产可大大缩短生产周期,但焊接件后变形大,需经时效处理。冷压件适用于形状复杂的板料零件,多用于中、小尺寸零件的大批量生产。

2）毛坯的选择

（1）根据图纸规定的材料及机械性能选择毛坯。

（2）根据零件的功能选择毛坯。例如,轴以锻件为主;各台阶直径相差不大的可使用棒料,各台阶直径相差较大的宜用锻件;中、小齿轮多用锻件来做毛坯,大齿轮常用铸钢件来做毛坯。

（3）根据生产类型选择毛坯。大量生产应选精度和生产率都较高的毛坯制造方法。

（4）根据具体生产条件选择毛坯。当有条件时,应积极组织地区专业化生产,统一供应毛坯。

4. 选择定位基准和装夹方式,拟定零件的加工工艺路线

1）定位基准

X方向:工件回转轴线。

Z方向:工件端面。

设计基准和定位基准与工艺基准三者重合;在相应加工之前基准端面要先加工。

2）装夹方式

车削加工前，必须将工件放在机床夹具中定位和夹紧，使工件在整个切削过程中始终保持正确的安装位置。由于轴类工件形状、大小的差异和加工精度及数量的不同，应分别采用不同的装夹方法。

数控车床用的典型夹具如图1.23所示。

三爪自定心卡盘　　　　　四爪单动卡盘　　　　　弹簧夹头

图1.23 数控车床用的典型夹具

（1）在三爪自定心卡盘上装夹。

三爪自定心卡盘的三个卡爪是同步运动的，能自定心，一般不需找正。但在装夹较长的工件时，工件离卡盘夹持部分较远处的旋转中心不一定与车床主轴旋转中心重合，这时必须找正。当三爪自定心卡盘使用时间较长，已失去应有精度，而工件的加工精度要求又较高时，也需要找正。

用三爪自定心卡盘装夹精加工过的表面时，被夹住的工件表面应包一层铜皮，以免夹伤工件表面。

三爪自定心卡盘装夹工件方便、省时，自动定心好，但夹紧力较小，所以适用于装夹外形规则的中、小型工件。

三爪自定心卡盘可装成正爪和反爪两种形式。反爪用来装夹直径较大的工件。

三爪自动定心卡盘的结构如图1.24所示。用扳手插入小锥齿轮的方孔转动时，小锥齿轮带动大锥齿轮转动，大锥齿轮的背面是平面螺纹，卡爪背面的螺纹与平面螺纹啮合，所以当平面螺纹转动时，就带动三个卡爪同时作向心或离心运动，以夹紧或松开工件。

（2）在四爪单动卡盘上装夹。

四爪单动卡盘的四个卡爪是各自独立运动的，因此，工件在装夹时必须将工件的旋转中心找正到与车床主轴旋转中心重合后才可车削。

四爪单动卡盘找正比较费时，但夹紧力较大，所以，适用于装夹大型或形状不规则的工件。

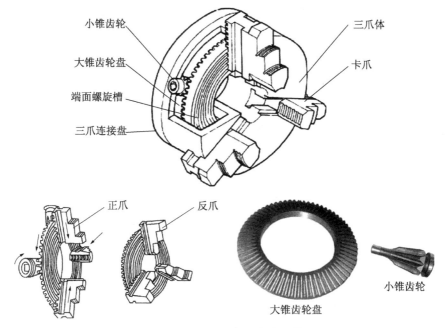

小锥齿轮
大锥齿轮盘
端面螺旋槽
三爪连接盘
三爪体
卡爪

正爪　　　　　反爪

大锥齿轮盘
小锥齿轮

图1.24　三爪自定心卡盘结构

四爪单动卡盘也可装成正爪和反爪两种形式。

（3）在两顶尖之间装夹。

对于长度尺寸较大或加工工序较多的轴类工件，为保证每次装夹时的装夹精度，可用两顶尖装夹。两顶尖装夹工件方便，不需找正，装夹精度高，但必须先在工件的两端面钻出中心孔。

（4）用卡盘和顶尖装夹。

用两顶尖装夹工件虽然精度高，但刚性较差。因此，车削较重工件时要用一端夹住，另一端用后顶尖顶住的装夹方法。为了防止工件由于切削力的作用而产生轴向位移，必须在卡盘内装一限位支承，或利用工件的阶台限位。这种装夹方法比较安全，能承受较大的轴向切削力，安装刚性好，轴向定位正确，所以应用比较广泛。

3）加工阶段的安排原则

（1）基面先行原则。用作精基准的表面，应优先加工。因为定位基准的表面越精确，装夹误差就越小，所以任何零件的加工过程，总是先对定位基准面进行粗加工和半精加工，必要时还要进行精加工。

（2）先粗后精原则。各个表面的加工一般是按照粗车→半精车→精车的顺序进行，逐步提高零件的加工精度。粗车将在较短的时间内将工件表面上的大部分加工余量切掉，这样既提高了金属切除率，又满足了精车余量均匀性要求。若粗车后所留余量的均匀性满足不了精加工的要求时，则要安排半精车，以便使精加工的余量小而均匀。精车时，刀具沿着零件的轮廓一次走刀完成，以保证零件的加工精度。

（3）先主后次原则。零件上的工作面及装配精度要求较高的表面，属于主要表面，应先加工。自由表面、键槽、紧固用的螺孔和光孔等表面，精度要求较低，属于次要表面，可穿插进行，一般安排在主要表面达到一定精度后，最终精加工之前加工。

（4）先面后孔原则。对于箱体类、支架类、机体类的零件，一般先加工平面，后加工孔。这样安排加工顺序，一方面是用加工过的平面定位，稳定可靠；另一方面是在加工过的平面上加工孔，比较容易，并能提高孔的加工精度。

（5）刀具集中原则。即用一把刀加工完相应各部位，再换另一把刀，加工相应的其他部位，以减少空行程和换刀时间。

（6）先近后远原则。这里所说的"远"与"近"，是按加工部位相对于换刀点的距离大小而言的。通常在粗加工时，离换刀点近的部位先加工，离换刀点远的部位后加工，以便缩短刀具移动距离，减少空行程时间，并且有利于保持坯件或半成品件的刚性，改善其切削条件。

（7）先内后外原则。对既有内表面（内型、内腔），又有外表面的零件，安排加工顺序时，应先粗加工内、外表面，然后精加工内、外表面。加工内、外表面时，通常先加工内型和内腔，然后加工外表面。原因是控制内表面的尺寸和形状较困难，刀具刚性相应较差，加上散热条件差，刀尖的耐用度易受切削热的影响而降低，以及在加工中清除切屑较困难等。

4）走刀路线安排

走刀路线是指刀位点从起刀点开始运动起，直至返回该点并结束加工程序所经过的路径，包括切削加工的路径及刀具引入、切出等非切削空行程。

（1）刀具引入、切出。在数控车床上进行加工时，尤其是精车时，要妥当考虑刀具的引入、切出路线，尽量使刀具沿轮廓的切线方向引入、切出（图1.25），以免因切削力突然变化而造成弹性变形，致使光滑连接轮廓上产生表面划伤、形状突变或滞留刀痕等问题。

（2）确定最短的空行程路线。确定最短的走刀路线，除了依靠大量的实践经验外，还应善于分析，必要时可辅以一些简单计算。

在手工编制较复杂轮廓的加工程序时，编程者有时将每一刀加工完后的刀具通过执行"回零"（即返回换刀点）指令，使其返回到换刀点位置，然后再执行后续程序。这样会增加走刀路线的距离，从而大大降低生产效率。

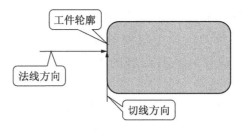

图1.25 刀具沿轮廓的切线方向引入、切出

因此，在不换刀的前提下，执行退刀动作时，应不用（回零）指令。安排走刀路线时，应尽量缩短前一刀终点与后一刀起点间的距离，方可满足走刀路线为最短的要求。

（3）确定最短的切削进给路线。图1.26为粗车某零件时几种不同切削进给路线的安排示意图。其中，图1.26（a）表示利用数控系统具有的封闭式复合循环功能而控制车刀沿着工件轮廓进行走刀的路线；图1.26（b）为"三角形"走刀路线；图1.26（c）为"矩形"走刀路线。经分析和判断后，可知矩形循环进给路线的走刀长度的总和为最短。

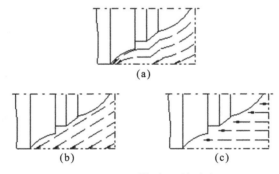

图1.26 不同粗车进给路线

5．确定工序尺寸，公差及技术要求

工序尺寸是指某一工序加工应达到的尺寸，其公差即为工序尺寸公差，各工序的加工余量确定后，即可确定工序尺寸及公差。

6．确定机床，工艺装备和切削用量

1）机床与工艺设备的选择

机床尺寸规格与工件的形体尺寸相适应；精度等级与本工序加工要求相适应；电机功率与本工序加工所需功率相适应；自动化程度和生产效率与生产类型相适应。

工艺装备直接影响加工精度、生产效率和制造成本。中小批量条件下可选用通用工艺装备；大批大量生产中可考虑制造专用工艺装备。

机床和工艺装备的选择不仅要考虑投资的当前效益，还要考虑产品改型及转产的可能性，应使其具有足够的柔性。

2）切削用量的选择

依次确定背吃刀量d、进给量f及切削速度v_c。

粗车时主要以提高生产率为主，应尽快地把多余材料切除，原则上应选大的切削用量，但又不能将切削用量"三要素"同时增大。因为切削用量中对车刀寿命影响最大的是切削速度，其次是进给量，影响最小的是吃刀深度。合理的切削用量应该是：首先选用一个大的吃刀深度，最好一次将粗车余量切除，若余量太大、一次无法切除的才可分两次或三次，但第一次的吃刀深度要尽可能大一些。其次，为缩短进给时间再选择一个较大的进给量。进给量f的选择受切削力的限制。在工艺系统强度和刚度允许的情况下选择较大的进给量，一般取$f=（0.3\sim0.9）$mm/r。当吃刀深度和进给量确定之后，在保证车刀寿命的前提下，再选择一个相对大而合理的切削速度v_c。

半精车、精车时，主要以保证工件加工精度为主，但也要注意提高生产率及保证车刀寿命。

半精车、精车的切削余量是根据技术要求由粗车留下的，原则上半精车和精车都是一次进给完成。如果工件表面粗糙度值要求较小，一次进给无法保证表面质量时才可分两次或三次进给，但最后一次进给的吃刀深度不得小于0.1mm。

精车、半精车的进给量应选得小一些，切削速度应根据刀具材料选择。高速钢车刀应选较低的切削速度（$v_c<5$m/min）；硬质合金车刀应选择较高的切削速度（$v_c>80$m/min）。

7. 填写工艺文件

工艺卡：以工序为单位，详细说明整个工艺过程的工艺文件。

刀具卡：是装刀和调整刀具的依据。其内容包括刀具号、刀具名称、刀杆型号、刀具的直径和长度等，见表1.1。

表1.1　数控加工刀具使用卡

单　位		组　号		零件名称		零件型号	
数控加工刀具卡片				编制		校核	
序号	刀具号	刀具名称及规格	刀尖半径/mm	刀杆型号		刀片型号	

工序卡：用来具体指导机床操作者加工的工艺文件，卡片上画有工序简图，并注明该工序的加工表面及应达到的尺寸和公差，以及工件装夹方式、刀具、夹具、量具、切削用量等，多用于大批量生产和成批生产中的重要零件，见表1.2。

表1.2 机械加工工序卡

单 位		编制人员		零件号			
数控加工工序卡片		零件名称		程序号			
		材 料		使用设备			
操作序号	工步内容	刀 具	主轴转速s/（r/min）	进给速度v_f/（mm/r）	背吃刀量/mm	备注

1.4 数控编程基础

数控车床的程序编制必须严格遵守相关的标准，数控编程是一项很严格的工作，首先必须掌握一些基础知识，才能学好编程的方法并编写出正确的程序。

1.4.1 数控车床加工程序结构与格式

1. 数控加工程序结构

一个完整的程序，一般由程序名、程序内容（若干个程序段）和程序结束三部分组成。

一个零件程序是一组被传送到数控装置中被执行的指令和数据。

一个零件程序是由遵循一定结构、句法和格式规则的若干个程序段组成的，而每个程序段是由若干个指令字组成的，如图1.27所示。

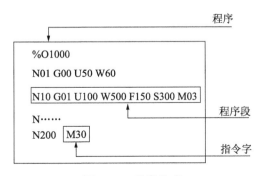

图1.27 程序格式

FANUC的程序结构如下。

程序起始：以字母O开头，O后面是程序号；FANUC系统程序名是O××××。××××是四位正整数，可以从0000~9999，例如O2255。程序名一般要求单列一段且不需要程序段号。

程序结束：以M02或M30结尾。

注释符：符号"/"或"""；"/"或"""后的内容为注释文字。

2. 程序段的格式

一个程序段定义一个将由数控装置执行的指令行，表示数控机床要完成的全部动作。每个程序段由一个或多个指令构成，每个程序段一般占一行，用"；"作为每个程序段的结束代码。

程序段的格式定义了每个程序段中功能字的句法，如图1.28所示。

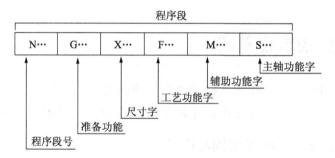

图1.28　程序段格式

每个程序段由若干个字组成；每个字又由地址码和若干个数字组成，字母、数字、符号统称为字符。

N为程序段序号；G为准备功能；X（U）、Z（W）为工件坐标系中X、Z轴移动终点位置（相对移动量）；F为进给功能指令；M为辅助功能指令；S为主轴功能指令；T为刀具功能指令。

说明：

（1）N××为程序段号，由地址符N和后面的若干位数字表示。在大部分系统中，程序段号仅作为"跳转"或"程序检索"的目标位置指示。因此，它的大小及次序可以颠倒，也可以省略。程序段在存储器内以输入的先后顺序排列，而程序的执行是严格按信息在存储器内的先后顺序逐段执行，也就是说，执行的先后次序与程序段号无关。但是，当程序段号省略时，该程序段将不能作为"跳转"或"程序检索"的目标程序段。

（2）程序段的中间部分是程序段的内容，主要包括准备功能字、尺寸功能字、进给功能字、主轴功能字、刀具功能字、辅助功能字等。但并不是所有程序段都必须包含这些功能字，有时一个程序段内可仅含有其中一个或几个功能字，如下列程序段都是正确的程序段。

N10 G01 X100.0 F100；

N80 M05；

（3）程序段号也可以由数控系统自动生成，程序段号的递增量可以通过"机床参数"进行设置，一般可设定增量值为10，以便在修改程序时方便进行"插入"操作。

3. 指令字的格式

一个指令字是由地址符（指令字符）和带符号（如定义尺寸的字）或不带符号（如准备功能字G代码）的数字数据组成的。

程序段中不同的指令字符及其后续数值确定了每个指令字的含义。在数控程序段中包含的主要指令字符如表1.3所示。

表1.3 指令字符一览表

功 能	地 址	意 义
零件程序号	O	程序编号：1~9999
程序段号	N	程序段编号：1~99999
准备机能	G	指令动作方式(直线、圆弧等) G00~99
尺寸字	X、Y、Z A、B、C U、V、W	坐标轴的移动命令±99999.999mm
	R	圆弧的半径，固定循环的参数
	I、J、K	圆心相对于起点的坐标，固定循环的参数
进给速度	F	进给速度的指定　　0~24 000mm/min
主轴机能	S	主轴旋转速度的指定　0~20 000r/min
刀具机能	T	刀具编号的指定　　　0~99 999 999
辅助机能	M	机床侧开/关控制的指定 0~99 999 999
补偿号	D、H	刀具半径补偿号的指定　　0~400
暂停	P、X	暂停时间的指定　　0~99 999 999ms
程序号的指定	P	子程序号的指定　　　1~9999
重复次数	L	子程序的重复次数，固定循环的重复次数
参数	P、Q、R	固定循环的参数

4. 程序的文件名

CNC装置可以装入许多程序文件，以磁盘文件的方式读写。文件名格式为（有别于DOS的其他文件名）：O××××（地址O后面必须有四位数字或字母），系统通过调用文件名来调用程序，进行加工或编辑。

1.4.2   编程坐标系的设定

数控车床加工时，工件可以通过卡盘夹持于机床坐标系下的任意位置。这样在机床坐标系下编程就很不方便。所以编程人员在编写零件加工程序时通常要选择一个工件坐标系，也称为编程坐标系，程序中的坐标值均以工件坐标系为依据。工件坐标系一旦建立便一直有效，直到被新的工件坐标系所取代。

工件坐标系的原点（也称为程序原点）可由编程人员根据具体情况确定，工件坐标系的原点选择要尽量满足编程简单，尺寸换算少，引起的加工误差小等条件。一般设在图样的设计基准或工艺基准处。对数控车床编程而言，工件坐标系的原点通常设置在工件左、右端面的中心或卡盘前端面的中心，如图1.29所示。

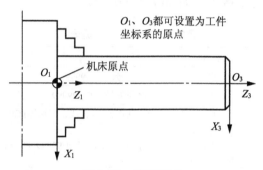

图1.29   编程原点

加工开始时要设置工件坐标系，用G92指令可建立工件坐标系；用G54～G59及刀具指令可选择工件坐标系。

1.5 基本指令功能

1.5.1   G指令

准备功能G指令由G后一或两位数值组成，它用来规定刀具和工件的相对运动轨迹、机床坐标系、坐标平面、刀具补偿、坐标偏置等多种加工操作。G功能的含义如表1.4所示。

G功能根据功能的不同分成若干组，其中00组的G功能称为非模态G功能，其余组的称为模态G功能。非模态G功能只在所规定的程序段中有效，程序段结束时被注销；模态G功能是一组可相互注销的G功能，这些功能一且被执行，则一直有效，直到被同一组的G功能注销为止。

模态G功能组中包含一个缺省G功能，上电时将被初始化为该功能。

没有共同地址符的不同组G代码可以放在同一程序段中，而且与顺序无关，例如，G90、G17可与G01放在同一程序段。

表1.4　G功能的含义（FANUC系统）

G代码	组	功能	G代码	组	功能
*G00		快速定位	G55		选择工件坐标系2
G01		直线插补(切削进给)	G56		选择工件坐标系3
G02	01	圆弧插补(顺时针)	G57	14	选择工件坐标系4
G03		圆弧插补(逆时针)	G58		选择工件坐标系5
G04	00	暂停指令	G59		选择工件坐标系6
G20	06	英寸输入	G70		精加工循环
G21		毫米输入	G71		内外径粗车循环
G27		检查参考点返回	G72		台阶粗车循环
G28		返回参考点	G73	00	成型重复循环
G29	00	从参考点返回	G74		Z向进给钻削
G30		回到第二参考点	G75		X向切槽
G32	01	切螺纹	G76		螺纹切削循环
*G40		取消刀具半径补偿	G90		（内外直径）切削循环
G41	07	刀具半径左补偿	G92	01	螺纹切削循环
G42		刀具半径右补偿	G94		（台阶）切削循环
G50		主轴最高转速设置	G96		恒线速度控制
G52	00	设置局部坐标系	*G97	12	恒线速度控制取消
G53		选择机床坐标系	G98		指定每分钟移动量
*G54	14	选择工件坐标系1	*G99	05	指定每转移动量

注：带*者表示开机时会初始化的代码。

1. 单位的设定

（1）尺寸单位选择指令G20、G21。指令格式如下：

G20；

G21；

G20表示输入制式为英制，单位为in/min；G21表示输入制式为公制，单位为mm/min。

G20、G21为模态功能，可相互注销，G21指令为缺省值。

（2）进给速度单位的设定指令G98、G99。指令格式如下：

G98 F_；

G99 F_；

G98为每分钟进给。对于线性轴，F的单位依据G20/G21指令的设定而为mm/min或in/min；对于旋转轴，F的单位为度/min。

G99为每转进给，即主轴转一周时刀具的进给量。F的单位依G20/G21的设定而为mm/r或in/r。

G98、G99为模态功能，可相互注销，G99指令为缺省值。

2. 坐标系和坐标设置指令

坐标系选择指令为G54～G59。

指令格式如下：

　　　G54　　　（选择工件坐标系1）

　　　G55　　　（选择工件坐标系2）

　　　G56　　　（选择工件坐标系3）

　　　G57　　　（选择工件坐标系4）

　　　G58　　　（选择工件坐标系5）

　　　G59　　　（选择工件坐标系6）

说明：

G54～G59是系统预定的6个坐标系（图1.30），可根据需要任意选用。

加工时其坐标系的原点，必须设为工件坐标系的原点在机床坐标系中的坐标值，否则加工出的产品就有误差或报废，甚至出现危险。

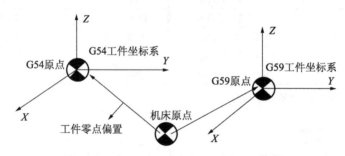

图1.30　工件坐标系的选择（G54～G59）

这6个预定工件坐标系的原点在机床坐标系中的值（工件零点偏置值）可用MDI（手动数据输入）方式输入，系统自动记忆。

工件坐标系一旦选定，后续程序段中绝对值编程时的指令值均为相对此工件坐标系原点的数值。

G54～G59指令为模态功能，可相互注销，G54指令为缺省值。

3. 返回机械零点G28指令

指令格式如下：

　　G28 X（U）＿ Z（W）＿；

　　指令功能：从起点开始，以快速移动速度到达X（U）、Z（W）指定的中间点位置后再返回机械零点。

　　指令说明：G28为非模态指令。

　　X：中间点X轴的绝对坐标；Z：中间点Z轴的绝对坐标。

　　U：中间点与起点X轴绝对坐标的差值；W：中间点与起点Z轴绝对坐标的差值。

　　指令地址X（U）、Z（W）可省略一个或全部。

知识加油站

绝对指令与增量指令

　　绝对指令：指令从程序原点到目标点（绝对坐标系的坐标值）的坐标值。

　　增量指令：指令从刀具的当前点到目标点的移动距离（位移量）。

　　绝对指令：X、Z；用地址X、Z指令。

　　增量指令：U、W；用地址U、W指令。

　　示例如图1.31所示。

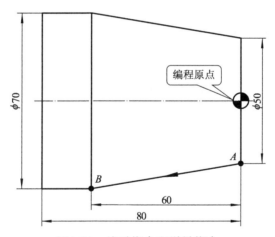

图1.31 绝对指令和增量指令

　　例如：编程原点已在图1.31中标明，则可以得出A点坐标为（50，0），B点坐标为（70，-60）。

　　假如刀具从A点加工到B点时的编程指令如下：

　　用绝对指令编程，则为

　　　　X70 Z-60；

　　用增量指令编程，则为

```
U20  W-60;
```

混合编程：绝对指令和增量指令可以一起用在一个程序段，即

```
X70  W-60;
```

4. 参考点返回指令G27

G27用于检验X轴与Z轴是否正确返回到参考点。

指令格式：

G27 X（U） ＿ Z（W） ＿；

X（U）、Z（W）为参考点的坐标。执行G27指令的前提是机床通电后必须手动返回一次参考点。

执行该指令时，各轴按指令中给定的坐标值快速定位，且系统内部检查检验参考点的行程开关信号。如果定位结束后检测到开关信号发令正确，则参考点的指示灯亮，说明滑板正确返回到参考点位置；如果检测到的信号不正确，系统报警，说明程序中指令的参考点坐标值不正确或机床定位误差过大。

1.5.2　M指令

辅助功能由地址字M和其后的一或两位数字组成，主要用于控制零件程序的走向，以及机床各种辅助功能的开关动作。M功能的含义如表1.5所示。

表1.5　M功能的含义（FANUC系统）

M代码	功　能	M代码	功　能
M00	程序停止	M12	尾顶尖伸出
M01	选择程序停止	M13	尾顶尖缩回
M02	程序结束	M21	门打开可执行程序
M03	主轴顺时针旋转	M22	门打开无法执行程序
M04	主轴逆时针旋转	M30	程序结束并返回程序头
M05	主轴停止	M98	调用子程序
M08	冷却液开	M99	子程序取消
M09	冷却液关		

M功能有非模态M功能和模态M功能两种形式。非模态M功能（当段有效代码）只在书写了该代码的程序段中有效；模态M功能（续效代码）是一组可相互注销的M功能，这些功能被同一组的另一个功能注销前一直有效。

模态M功能组中包含一个缺省功能，系统上电将被初始化为该功能。

另外，M功能还可分为前作用M功能和后作用M功能两类。前作用M功

能在程序段编制的轴运动之前执行；后作用M功能在程序段编制的轴运动之后执行。

1. CNC内定的辅助功能

1）程序暂停M00

当CNC执行到M00指令时，将暂停执行当前程序，以方便操作者进行刀具和工件的尺寸测量、工件调头、手动变速等操作。

暂停时，机床的进给停止，而全部现存的模态信息保持不变，欲继续执行后续程序，重按操作面板上的"循环启动"键。

M00为非模态后作用M功能。

2）程序结束M02

M02一般放在主程序的最后一个程序段中。

当CNC执行到M02指令时，机床的主轴、进给、冷却液全部停止，加工结束。

使用M02的程序结束后，若要重新执行该程序，就得重新调用该程序，然后再按操作面板上的"循环启动"键。

M02为非模态后作用M功能。

3）程序结束并返回到零件程序起点M30

M30和M02功能基本相同，只是M30指令还兼有控制返回到零件程序起点（%）的作用。

使用M30的程序结束后，若要重新执行该程序，只需再次按操作面板上"循环启动"键。

2. PLC设定的辅助功能

1）主轴控制指令M03、M04、M05

M03：启动主轴以程序中编制的主轴速度顺时针方向旋转。

M04：启动主轴以程序中编制的主轴速度逆时针方向旋转。

M05：使主轴停止旋转。

M03、M04为模态前作用M功能；M05为模态后作用M功能，M05为缺省功能。

M03、M04、M05可相互注销。

2）冷却液打开、停止指令M07、M09

M07指令将打开冷却液管道。

M09指令将关闭冷却液管道。

M07为模态前作用M功能；M09为模态后作用M功能，M09为缺省功能。

1.5.3 主轴功能S、进给功能F 和刀具功能T

1. 主轴功能S

主轴功能S用来控制主轴转速，其后的数值表示主轴速度，单位为转/分（r/min）。

在具有恒线速度功能的机床上，S功能指令具有以下作用。

1）最高转速限制G50指令

编程格式：G50 S__；S后面的数字表示的是最高转速，单位为r/min。

例如：G50 S3000；表示最高转速限制为3000 r/min。

2）恒线速控制G96指令

编程格式：G96 S__；S后面的数字表示的是恒定的线速度值，单位为m/min。

例如：G96 S150；表示切削线速度控制在150m/min。

3）恒线速取消G97指令

编程格式：G97 S__；S后面的数字表示恒线速度控制取消后的主轴转速，单位为r/min。如S未指定，将保留G96的最终值。

例如：G97 S300；表示恒线速度控制取消后的主轴转速为300r/min。

说明：

S是模态指令，S功能只有在主轴速度可调节时有效。

S所编程的主轴转速可以借助机床控制面板上的主轴倍率开关进行修调。

2. 进给速度F

F指令表示工件被加工时刀具相对于工件的合成进给速度，F的单位取决于G98（每分钟进给量mm/min）或G99（主轴每转一转刀具的进给量mm/r）。

使用下式可以实现每转进给量与每分钟进给量的转化。

$$f_m = f_r \times S$$

式中，f_m——每分钟的进给量，（mm/min）；

f_r——每转进给量，（mm/r）；

S——主轴转数，（r/min）。

当工作在G01，G02或G03方式下，编程的F一直有效，直到被新的F值所取代，而工作在G00方式下，快速定位的速度是各轴的最高速度，与编程中的F无关。

借助机床控制面板上的倍率按键，F可在一定范围内进行倍率修调。当执行攻丝循环G76、G92指令时，螺纹切削G32指令时，倍率开关失效，进给倍率固定在100%。

注意：

（1）当使用每转进给量方式时，必须在主轴上安装一个位置编码器。

（2）直径编程时，X轴方向的进给速度为：半径的变化量/分、半径的变化量/转。

3.刀具功能T

T指令对刀的程序调用格式：T××××，前两位表示选择的刀具号，后两位表示刀具补偿号。

工件坐标系的建立：如果调用第i把车刀，则用T0i0i指令建立工件坐标系。

例如：要调用第一把车刀和一号刀补，则用T0101指令。

T0100、T0200、T0300、T0400均无刀具补偿，如T0200为2号刀无刀具补偿。

T0101、T0202、T0303、T0404均有刀具补偿，如T0202为2号刀，执行2号刀具补偿值。

1.6 刀位点、起刀点、对刀点

1.对刀点

将编程坐标系原点转换成机床坐标系的已知点，并成为工件坐标系的原点，这个点就称为对刀点。对刀点可以设置在零件、夹具上或机床上面，尽可能设置在零件的设计基准或工艺基准上。

对刀的目的：零件加工前要进行对刀操作，对刀的目的是确定工件坐标系原点在机床坐标系中的位置。

只有通过对刀在机床坐标系中建立合适的工件坐标系，才能实现零件的正确加工。

2.起刀点

起刀点是零件程序加工的起始点，如图1.32所示。

3.换刀点

在零件车削过程中需要自动换刀，为此必须设置一个换刀点，该点应离开工件有一定距离，以防止刀架回转换刀时刀具与工件发生碰撞。换刀点通常分为两种类型，即固定换刀点和自定义换刀点。

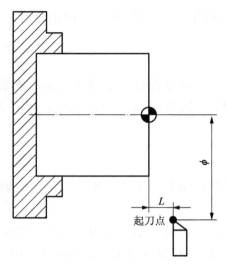

图1.32 起刀点

选择起刀点、换刀点的位置通常要注意以下事项：

（1）方便数学计算和简化编程。

（2）容易找正对刀。

（3）便于加工检查。

（4）引起的加工误差小。

（5）不要与机床、工件发生碰撞。

（6）方便拆卸工件。

（7）空行程不要太长。

4．刀位点

刀位点是指刀具的定位基准点。车刀的刀位点是刀尖或刀尖圆弧中心（图1.33）；圆柱铣刀的刀位点是刀具中心线与刀具底面的交点；球头铣刀的刀位点是球头的球心点；钻头的刀位点是钻头的顶点。

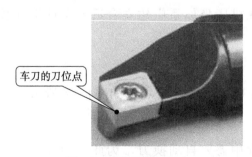

车刀的刀位点

图1.33 车刀的刀位点

1.7 编程举例

编制如图1.34所示的刀尖工作（N1～N5）的程序（程序原点已标出，图中的虚线是定位动作，实线是直线插补）。

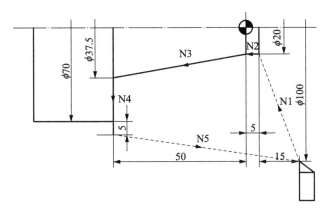

图1.34 编程举例

（1）根据程序结构，先写程序名：O0001。

（2）本程序由若干个程序段组成，来完成刀尖动作（或工件的加工），刀具选择T0101。

（3）首先是坐标系设定及起刀点设置："G50 X100 Z20；"。

（4）打开冷却液，用M指令，即"M08；"。

（5）设置成主轴正转："M03 S800；"。

（6）接着就是编写刀尖N1、N2、N3、N4、N5程序段的刀具轨迹程序，即：

N1 G00 X20 Z5；

N2 G01 Z0 F0.2；

N3 X37.5 Z-50；

N4 X80；

N5 G00 X100 Z20；

（7）最后，关冷却液，即M09指令；主轴停止、程序结束，即"M05 M30；"。

完整程序如下所示。

O0001；　　　　　（程序名）

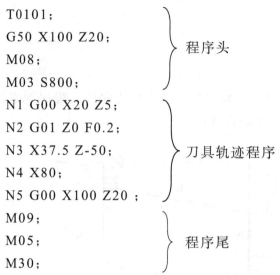

T0101；

G50 X100 Z20；

M08；

M03 S800；
} 程序头

N1 G00 X20 Z5；

N2 G01 Z0 F0.2；

N3 X37.5 Z-50；

N4 X80；

N5 G00 X100 Z20 ；
} 刀具轨迹程序

M09；

M05；

M30；
} 程序尾

说明：

（1）此示例只要求了解数控车床程序的结构及组成，即一个完整的程序需要包括G、M、F、T、S基本功能指令才能完成工件的加工。

（2）完整程序包括程序名、程序头、刀具轨迹及程序尾组成，其中程序头、程序尾基本一致，主要发生变化的是刀具轨迹部分。

（3）关于程序段及指令格式的编写方法，后面章节将进行详细说明。

第 2 章

数控车削编程简单指令

2.1 快速定位和直线插补指令（G00/G01）

2.1.1 指令详解

1. 快速定位指令 G00

G00指令使刀具以预先设定好的最快进给速度，从刀具所在起始点快速运动到下一个目标点。该指令只是快速定位，无运动轨迹要求（也可以写作G0）。但是目标点不能直接选择在工件上，一般选择在离工件3～5mm处，如图2.1所示。

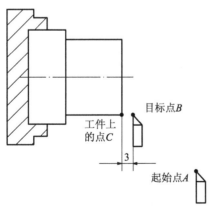

G00指令的目标点不能直接放在工件上，因为G00速度太快，这样使刀具和工件相撞，损坏刀具或工件

图2.1　G00指令图解

G00指令格式：

　　　G00 X（U）＿ Z（W）＿

式中，X、Z为目标点的绝对坐标值；U、W为目标点的相对坐标值。

　　如果目标点与起始点的X（U）或Z（W）相同时，X（U）或Z（W）可以省略。具体分析如图2.2所示。

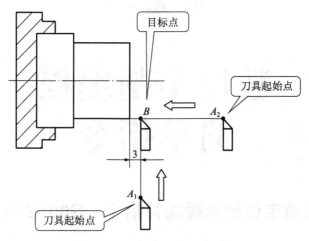

图2.2　G00指令坐标用法图解

　　假设A_1、A_2分别为刀具起始点，B为目标点。

　　当刀具从A_1点快速定位到B点时，A_1与B在Z轴方向上的坐标值相同，Z（W）可以省略；

　　当刀具从A_2点快速定位到B点时，A_2与B在X轴方向上的坐标值相同，X（U）可以省略。

　　已知B点坐标为（20，3），A_1点坐标为（100，3），那么，当刀具从A_1点快速定位到B点时的程序为：

　　　　N01 G00 X100 Z3；

　　　　N02 G00 X20 Z3；

　　这时，两个程序段Z3相同，所以N02程序段中Z3可以省略，修改为：

　　　　N01 G00 X100 Z3；

　　　　N02 G00 X20；

　　X与U、Z与W在同一程序段时，X、Z有效，U、W无效。

　　说明：

　　（1）G00指令使刀具相对于工件从当前位置以机床各轴（对于车床而言，就是Z轴和X轴）预先设定的快进速度移动到程序段所指定的下一个定位点。

　　（2）G00指令中的预先快进速度由机床系统参数"快移进给速度"对各轴分别设定，不用程序规定。由于机床各轴以各自速度移动，不能保证各轴同时到达目标点，因而联动直线轴的合成轨迹并不是直线。因此在使用G00

指令时，一定避免刀具和工件及夹具发生碰撞，如图2.3所示。

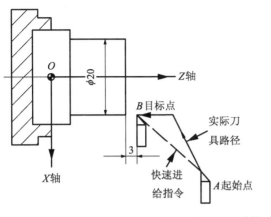

在实际加工执行时，G00的刀具轨迹是一条折线（实线箭头部分），不是直线（虚线部分），图中快速进给指令（虚线部分）只是一种理想或最佳状态

图2.3　G00运动轨迹

（3）快进速度可由面板上的快速/进给修调按钮修正，如图2.4所示。当倍率旋钮已选定，在执行程序中的G00指令时，机床按照其G00固有速度的百分比进行快速移动。

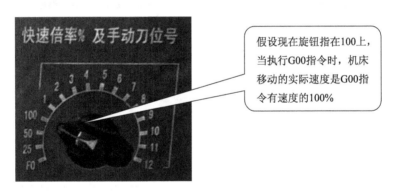

假设现在旋钮指在100上，当执行G00指令时，机床移动的实际速度是G00指令有速度的100%

图2.4　快速倍率修调

注意：有些数控车床没有快速倍率修调功能，在坐标轴回参考点（G00执行）时，进给倍率修调有效。

（4）G00指令一般用于加工前快速定位或加工后快速退刀。

（5）G00为模态功能，可由同组的G01、G02、G03、G32功能注销。所谓模态功能是指一组可以相互注销的功能，这些功能一旦被执行，则一直有效，直到被同一组的功能注销为止。例如，下面这段程序：

N01 G00 X100 Z3;

N02 G00 X20;

N03 G01 X20 Z-10;

N04 G00 X40；

G00是模态，从N01程序段一直有效，所以N02程序段中G00可省略，但是N04程序段中，因为之前有G01（与G00同组）出现，G00已被注销，所以不能省略。

程序可修改为：

N01 G00 X100 Z3；

N02 X20；

N03 G01 X20 Z-10；

N04 G00 X40；

【例2.1】如图2.5所示，要求编写程序使刀具从A点快速移动到B点。

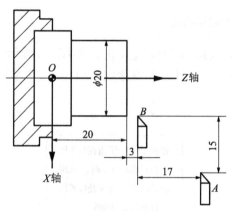

建立工件坐标原点为O，B点绝对坐标为(20, 23)，B点相对于A点坐标为(-30,-17)，注意B点的X坐标值为30，不是15！这是因为在X方向上选择的是直径编程方式

图2.5 G00编程示例

程序如下：

1）绝对坐标编程

　　G00 X20 Z23；　　　　　（目标点B在X、Z轴相对于坐标原点O的坐标值，X方向上为直径编程）

2）增量坐标编程

　　G00 U-30 W-17；　　　　（目标点B在X、Z轴相对于起始点A的坐标增量值，X方向上为直径编程）

3）混合坐标编程

　　G0 X20 W-17；或G00 U-30 Z23；　　　　（G00省略写成G0）

知识加油站

直径编程与半径编程

数控车床加工的是回转体类零件，其横截面为圆形，所以尺寸上有直径和半

径两种标记方法。当用直径值编程时，称为直径编程法；当用半径值编程时，称为半径编程法。如图2.5所示，要求编写程序使刀具从A点快速移动到B点，使用绝对坐标编程，分别用半径、直径编程法编写程序，结果如下：

G00 X20 Z23；　　　（直径编程法）

G00 X10 Z23；　　　（半径编程法）

数控车床出厂时一般设定为直径编程。如需用半径编程，要改变系统中相关参数，使系统处于半径编程状态。本书中若非特殊说明，各例均为直径编程。

2. 直线进给指令G01

G01指令使刀具沿各坐标轴以插补联动方式，按指定的进给速度F，从所在点出发，直线移动到目标点。

G01直线插补指令格式为：

G01 X（U）＿Z（W）＿F＿；

式中，X、Z为目标点的绝对坐标值；U、W为目标点的相对坐标值；F为进给速度。

如果目标点与起始点的X（U）或Z（W）相同时，X（U）或Z（W）可以省略（同G00）。

X与U、Z与W在同一程序段时，X、Z有效，U、W无效（同G00）。

说明：

（1）G01指令刀具从所在点以联动的方式，按程序段中F指令规定的合成进给速度，按合成的直线轨迹移动到目标点。

（2）实际进给速度等于指令进给速度F（编程时给定的速度）与进给速度修调倍率的乘积。

例如：进给速度F为300 mm/min，进给速度修调倍率指在50挡位，那么实际进给速度是300×50%=150（mm/min），如图2.6所示。

（3）G01和F都是模态指令，如果后续的程序段不改变加工的线型和进

图2.6　进给倍率修调

给速度，可以不再书写这些指令。例如：

G01 X10.0 Z20.0 F200；　　　（直线进给到点坐标（10，20），进给速度
　　　　　　　　　　　　　　　　为200mm/min）

X30.0 Z50.0；　　　　　　　（直线进给到点坐标（30，50），进给速度
　　　　　　　　　　　　　　　　为200mm/min，G01，F省略）

（4）G01可由G00、G02、G03或G32功能注销。

G01指令主要应用于端面、圆柱面、圆锥面的加工。

【例2.2】编写程序，要求将工件的直径ϕ30mm切削到ϕ35mm，完成圆锥面的加工，如图2.7所示。

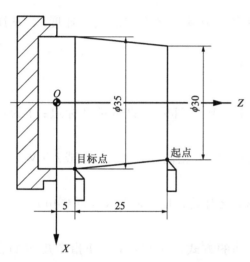

建立工件坐标原点为O，起点坐标为(30，30)，目标点坐标为(35，5)，目标点相对于起点坐标为(5，−25)

图2.7 G01编程示例

编写的程序如下：

1）绝对坐标编程

G01 X35 Z5 F200；　　　（目标点在X、Z轴相对于坐标原点O的坐标值，
　　　　　　　　　　　　　F为进给速度，为200mm/min）

2）增量坐标编程

G01 U5 W-25 F200；　　　（目标点B在X、Z轴相对于起始点A的坐标增量值）

3）混合坐标编程

G1 X35 W-25 F200；或 G01 U5 Z5 F200；　　　（G01可以写成G1）

注意：编程时忘记在G01指令后面加F指令是初学者常犯的错误。

2.1.2　应用范例

【例2.3】精加工如图2.8（a）所示的工件外圆表面。

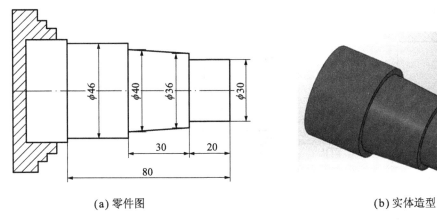

(a) 零件图   (b) 实体造型

图2.8 G00/G01加工实例1

1. 建立工件坐标系

从图2.8（a）可以看出，将工件坐标系建立在工件的右端面可以简化坐标值的计算，如图2.9所示。

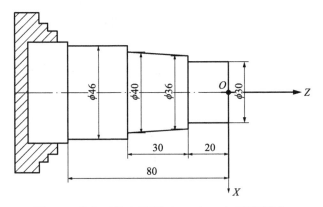

图2.9 建立工件坐标系（G00/G01加工实例1）

2. 坐标计算

工件的外圆表面分别是：$\phi30\text{mm}$、$\phi46\text{mm}$的圆柱面和圆锥面、端面，各面轮廓线的连线基点是：A、B、C、D、E、F，各点的坐标依次是：A（30，3）、B（30，-20）、C（36，-20）、D（40，-50）、E（46，-50）、F（46，-80）。走刀轨迹及各基点坐标值如图2.10所示。

注意：刀具由起刀点快速定位（G00）到点A（入刀点），且A点的坐标一般设定在与工件右端面3～5mm处。

3. 程序编制

参考加工程序如下。

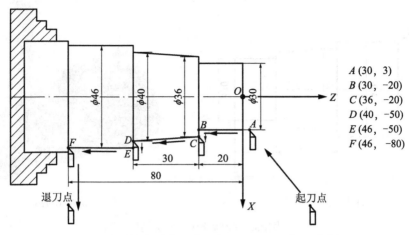

图2.10 走刀轨迹及各基点坐标（G00/G01加工实例1）

程 序	注 释
O0021 ；	（程序名）
N10 G98 G54 T0101 M03 S800 ；	（设定进给方式为 mm/min，设置 G54 工件坐标系，选用 1 号刀 1 号刀具补偿、主轴正转 800r/min）
N20 G00 X60 Z50 ；	（快进至起刀点）
N30 G00 X30 Z2 ；	（快进至预加工点 A，因为 G00 是模态指令，所以此程序段也可以把 G00 省略，即改为 N30 X30 Z2 ；）
N40 G01 X30 Z-20 F200 ；	（工进至点 B 坐标，因为 B 点坐标和 A 点坐标的 X 值相同，所以 B 点的 X 坐标值可以省略不写，即改为 N40 G01 Z-20 ；F 为进给速度，为 200mm/min）
N50 X36 ；	（工进至点 C 坐标，C 点的 Z 坐标值与 B 点相同，可省略；G01 为模态指令，可省略；F 值相同，也可省略）
N60 X40 Z-50 ；	（工进至点 D 坐标）
N70 X46 ；	（工进至点 E 坐标，E 点的 Z 坐标值与 D 点相同，可省略）
N80 Z-80 ；	（工进至点 F 坐标，F 点的 X 坐标值与 E 点相同，可省略）
N90 G00 X60 ；	（快进至退刀点）
N100 Z50 ；	（回到起刀点）
N110 M05 ；	（主轴停转）
N120 M30 ；	（程序结束）

下面是化简后的参考程序：

O0022；

N10 G98 G54 T0101 M03 S800；

N20 G00 X60 Z50；

N30 X30 Z2；

N40 G01 Z-20 F200；

N50 X36；

N60 X40 Z-50；

N70 X46；

N80 Z-80；

N90 G00 X60；

N100 Z50；

N110 M05；

N120 M30；

2.2　圆弧插补指令（G02/G03）

2.2.1　指令详解

　　G02/G03指令是命令刀具在指定平面内按给定的进给速度F从起点到终点做圆弧运动，切削出圆弧轮廓，其轨迹如图2.11所示。

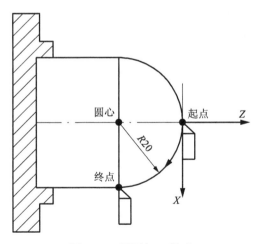

图2.11　圆弧加工轨迹

指令格式如下：

$$\left.\begin{matrix} G02 \\ G03 \end{matrix}\right\} \quad X(U)\_ \quad Z(W)\_ \quad \left\{\begin{matrix} I\_\ K\_ \\ R\_ \end{matrix}\right\} \quad F\_$$

说明：

（1）G02——顺时针圆弧插补指令。

（2）G03——逆时针圆弧插补指令。

（3）X、Z——绝对编程时，圆弧终点在坐标系中的坐标。

（4）U、W——增量编程时，圆弧终点在坐标系中的坐标。

（5）I、K——圆心相对于圆弧起点在X、Z方向上的位移量（等于圆心的坐标减去圆弧起点的坐标，是带有符号的，如图2.12所示），即I=圆心的X坐标－圆弧起点的X坐标；K=圆心的Z坐标－圆弧起点的Z坐标；在绝对、增量编程时都是以增量方式指定，I为半径值。

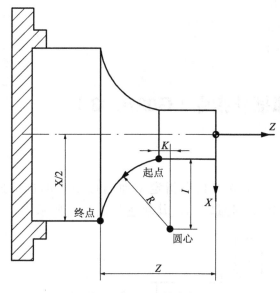

图2.12 I、K的含义

（6）R——圆弧半径；当圆心角α≤180°时取正，否则取负。

（7）F——被编程的两个轴的合成进给速度。

（8）G02/G03为模态指令。

（9）同时编入R与I、K时，R有效。

（10）加工整圆时，用I、K指令；若用R指令时，加工的是圆心角为0°的圆，即加工不出圆。

2.2.2 顺时针圆弧、逆时针圆弧方向的判别

圆弧插补指令G02/G03的判断是在加工平面内，根据其插补时的旋转方向为顺时针/逆时针来区分的。加工平面为观察者迎着Y轴的指向，所面对的平面。也就是说从假想第三轴（Y轴）的正方向往负方向看，刀尖走过的圆弧是顺时针方向的，就是G02指令，逆时针方向的圆弧就为G03指令了。

但是，大家都知道目前大多数的数控车床的坐标系如图2.13所示。所以我们其实是从Y轴的负方向往正方向看，那么在这样的坐标系下，我们看到的顺时针方向则为G03，逆时针方向则为G02，如图2.14所示。

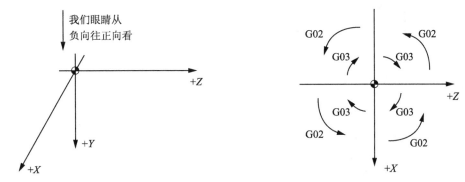

图2.13 前置刀架的数控车床坐标系　　图2.14 前置刀架的数控车床G02/G03轨迹

本书均以前置刀架数控车床为例来进行介绍。具体的G02/G03指令的刀具轨迹如图2.15所示。

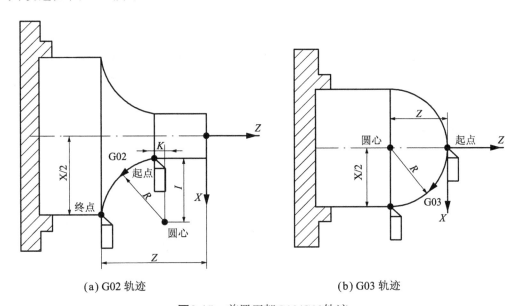

(a) G02 轨迹　　　　　　　　(b) G03 轨迹

图2.15 前置刀架G02/G03轨迹

【例2.4】如图2.16所示，要求编写使刀具从圆弧起点A点切削到圆弧终点B点的精加工程序。

参考程序如下：

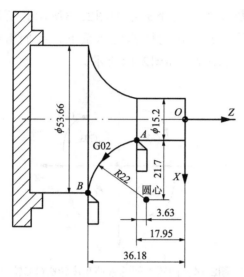

建立工件坐标原点为O，圆弧起点A的坐标为（15.2，−17.95），圆弧终点B的坐标为（53.66，−36.18），圆心相对于圆弧起点A的坐标为（I=21.7，K=3.63）

图2.16　G02编程示例

1. 绝对坐标编程

　　　G02 X53.66 Z-36.18 R22 F80

或

　　　G02 X53.66 Z-36.18 I21.7 K3.63 F80　　（圆弧终点在X、Z轴相对于坐标原点O的坐标值，F为进给速度，为80mm/min）

2. 相对坐标编程

　　　G02 U38.46 W-18.23 R22 F80

或

　　　G02 U38.46 W-18.23 I21.7 K3.63 F80　　（圆弧终点B在X、Z轴相对于圆弧起点A的坐标增量值，F为进给速度，为80mm/min）

当然也可以用混合编程的方式。

2.2.3　应用范例

【例2.5】精加工如图2.17（a）所示的工件外圆表面。

1. 建立工件坐标系

从图2.17（a）可以看出，将工件坐标系建立在工件的右端面可以简化坐标值的计算，如图2.18所示。

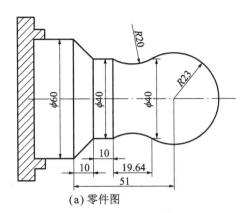

(a) 零件图

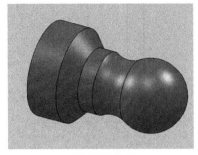

(b) 实体造型

图2.17 G02/G03加工实例1

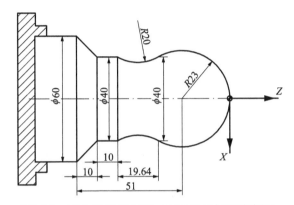

图2.18 建立工件坐标系（G02/G03加工实例1）

2. 坐标计算

工件的外圆表面分别是：R23逆时针圆弧面、R20顺时针圆弧面、ϕ40mm圆柱面和圆锥面，各面轮廓线的连线基点是：O、B、C、D、E，各点的坐标依次是：O(0，0)、B(40，-34.36)、C(40，-54)、D(40，-64)、E(60，-74)。走刀轨迹及各基点坐标值如图2.19所示。

B点Z轴坐标计算：-[51-（10+10+19.64）+23]=-34.36；

C点Z轴坐标计算：-34.36-19.64=-54；

D点Z轴坐标计算：-54-10=-64；

E点Z轴坐标计算：-51-23=-74或-64-10=-74。

注意：

（1）刀具由起刀点G01指令到达圆弧起点，为什么要用G01呢？因为圆弧起点已经在工件上，应该用较小的速度靠近工件，而不用G00指令。

（2）加工圆弧时注意刀具选择问题，一般选择圆弧形车刀，刀尖角度的选择要注意防止刀具的副切削刃和工件已加工表面发生干涉。

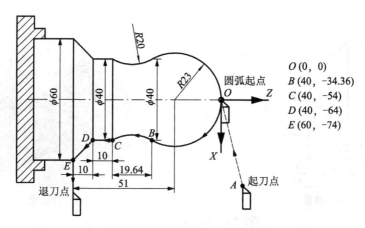

图2.19　走刀轨迹及各基点坐标（G02/G03加工实例1）

3．程序编制

1）用R编程

参考程序如下所示。

程　　序	注　　释
O0023 ；	（程序名）
N10 G54 G98 T0101 M03 S800 ；	（设定进给方式为 mm/min 设置 G54 工件坐标系，选用 1 号刀 1 号刀具补偿，主轴正转 800r/min）
N20 G00 X60.0 Z5.0 ；	（快进至起刀点）
N30 G01 X0 Z0 F100 ；	（以 100 mm/min 的速度到达加工轮廓点，即圆弧起点）
N40 G03 X40.0 Z-34.36 R23 F80 ；	（逆时针圆弧工进至点 B 坐标，即逆时针圆弧的终点坐标。F 为进给速度，为 80mm/min）
N50 G02 X40.0 Z-54.0 R20 F80 ；	（顺时针圆弧工进至点 C 坐标，C 点的 X 坐标值与 B 点相同，可省略；F 值相同，也可省略，即 N50 G02 Z-54.0 R20 ；）
N60 G01 X40.0 Z-64.0 F200 ；	（直线插补工进至点 D 坐标，完成圆柱面的加工，D 点的 X 坐标值与 C 点相同，可省略，即 N60 G01 Z-64.0 F200 ；）
N70 G01 X60.0 Z-74.0 F200 ；	（直线插补工进至点 E 坐标，完成圆锥面的加工，G01 为模态指令，可省略，F 值相同，也可省略，即 N70 X60.0 Z-74.0 ；）
N80 G01 X65.0 F200 ；	（退刀，G01 为模态指令，可省略，F 值相同，也可省略，即 N80 X65.0 ；）

N90 G00 Z50.0 ;　　　　　　　（回到起刀点）

N100 M05 ;　　　　　　　　　（主轴停转）

N110 M30 ;　　　　　　　　　（程序结束）

下面是化简后的参考程序：

O0024 ;

N10 G98 G54 T0101 M03 S800 ;

N20 G00 X60.0 Z5.0 ;

N30 G01 X0 Z0 F100 ;

N40 G03 X40.0 Z-34.36 R23 F80 ;

N50 G02 Z-54.0 R20 ;

N60 G01 Z-64.0 F200 ;

N70 X60 Z-74.0 ;

N80 X65.0 ;

N90 G00 Z50.0 ;

N100 M05 ;

N110 M30 ;

2）用I、K编程

需要计算圆心相对于圆弧起点的坐标增量值。坐标计算过程如下。

OB段圆弧起点坐标：O（0，0），圆心坐标（0，-23），圆弧终点坐标B（40，-34.36），得出$I=0-0=0$，$K=-23-0=-23$。

BC段圆弧由于圆心坐标不确定，所以只能用R编程。

简化后的程序如下：

O0025 ;

N10 G98 G54 T0101 M03 S800 ;

N20 G00 X60.0 Z5.0 ;

N30 G01 X0 Z0 F100 ;

N40 G03 X40.0 Z-34.36 I0 K-23.0 F80 ;

N50 G02 Z-54.0 R20 ;

N60 G01 Z-64.0 F200 ;

N70 X60.0 Z-74.0 ;

N80 X65.0 ;

N90 G00 Z50.0 ;

N100 M05 ;

N110 M30 ;

也可以尝试其他的编程方法，如增量编程等。

2.3　暂停指令（G04）

2.3.1　指令详解

暂停指令G04常用于车槽、锪孔等加工，刀具相对零件做短时间的无进给光整加工，以降低表面粗糙度值及工件圆柱度。此时可用G04指令实现进给暂停，主轴不停，暂停结束后，继续执行下一段程序。

指令格式：

　　G04 P_；或G04 X（U）_；

说明：

（1）暂停时间的长短由指令字P或X（U）来指定；其中P后面的数字为整数，单位是ms，X（U）后面的数字为带小数点的数值，单位为s。有些机床，X（U）后面的数字表示刀具或工件空转的圈数。

（2）G04不能和进给功能指令（F指令）在同一程序段中指定。

（3）P、X、U在同一程序段时，P有效；X、U在同一程序段时，X有效。

（4）G04为非模态指令，只在本程序段中才有效。

注意：G04指令执行中，进行进给保持的操作，当前延时的时间要执行完毕后方可暂停。

【例2.6】在车削环槽时，若进给结束立即退刀，其环槽外形为螺旋面，用暂停指令G04可以使工件空转几秒钟，即能将环形槽外形光整圆，例如欲空转2.5s时，其程序段为：

　　G04 X2.5；或G04 U2.5；或G04 P2500；

如图2.20所示，加工槽用G01指令直进切削。精度要求较高时，切削至尺寸后，用G04指令使刀具在槽底停留几秒钟，以光整槽底。

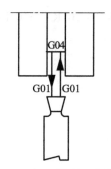

图2.20　加工槽的刀具轨迹

2.3.2 应用范例

【例2.7】编写如图2.21所示的工件的外圆槽加工程序。

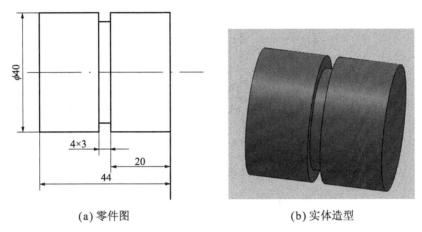

(a) 零件图   (b) 实体造型

图2.21 G04加工实例

1. 建立工件坐标系

从图2.21（a）可以看出，将工件坐标系建立在工件的右端面可以简化坐标值的计算，如图2.22所示。

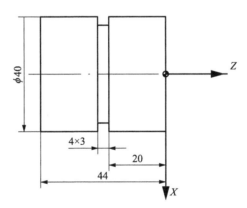

图2.22 建立工件坐标系（G04加工实例）

2. 坐标计算

切槽时，需要将切槽刀接近工件，并根据槽刀宽度B的选取值，考虑槽刀Z向的坐标值。在本例中，因为切槽的宽度是4mm，为了加工方便，直接选取$B=4$mm的切槽刀。所以取A点的坐标值为（42，-24），B点的坐标值为（34，-24），切槽所用指令为G01直线切削，再用G04指令使刀具在槽底停留几秒钟，以光整槽底。其走刀轨迹及各基点坐标值如图2.23所示。

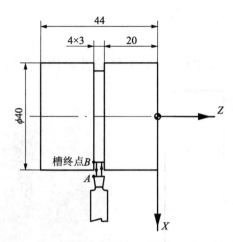

图2.23 走刀轨迹及各基点坐标（G04加工实例）

加工槽时，应注意以下事项：

（1）在选择切槽刀刀宽时，要使切槽刀的刀宽等于或小于切槽的宽度。

（2）针对本例零件的槽加工，槽刀终点即槽刀左边刀位点，即图2.23中B点，其坐标值为（34，-24）。此时所选择的切槽刀刀宽等于切槽的宽度，即为$B=4\,\mathrm{mm}$。当然，如果选择槽刀宽度为3mm的槽刀的话，那么走刀路线就需要分两次进刀，即先取A_1点的坐标值为（42，-23），B_1点坐标值（34，-23），直线进给，退刀，再取A_2点的坐标值为（42，-24），B_2点坐标值（34，-24），直线进给，退刀，完成槽的加工。

3．程序编制（简化程序）

参考程序如下所示。

程 序	注 释
O0026；	（程序名）
N10 G98 G54 T0101 M03 S500；	（设定进给方式为 mm/min，设置 G54 工件坐标系，选用 1 号刀 1 号刀具补偿、主轴正转为 500r/min）
N20 G00 X42 Z-24；	（快进至起刀点 A）
N30 G01 X36 F100；	（以 100 mm/min 的速度开始分段切槽，先切成 ϕ36mm 的槽）
N40 X34；	（到达槽终点 B，加工完成 ϕ32mm 的槽）
N50 X42；	（退刀）
N60 G00 Z50；	（回到起刀点）
N70 M05；	（主轴停转）
N80 M30；	（程序结束）

2.4 刀具半径补偿指令（G41/G42/G40）

2.4.1 指令详解

1. 刀尖圆弧半径补偿的概念

数控车床加工是按车刀理想刀尖为基准编写数控轨迹代码的，对刀时也希望能以理想刀尖来对刀。但实际加工中，为了降低被加工工件表面的粗糙度值，减缓刀具磨损，提高刀具寿命，一般车刀刀尖处磨成圆弧过渡刃，又称为假想刀尖，如图2.24所示。

理想刀尖并不是车刀与工件的接触点，实际起作用的切削刃是刀尖圆弧各切点。当车削内外圆柱表面或端面时，刀尖圆弧大小并不会造成加工表面形状误差，但当车削倒角、锥面、圆弧及曲面时，则会产生少切或过切现象，影响零件的加工精度，如图2.25所示。因此，编制数控车削程序时，刀尖圆弧半径必须予以考虑。

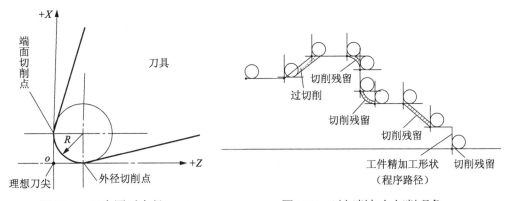

图2.24 刀尖圆弧半径　　　　　图2.25 过切削与欠切削现象

编程时，若以刀尖圆弧中心编程，可避免过切削和欠切削现象，但刀位点计算比较麻烦，并且如果刀尖圆弧半径值发生变化时，程序也需要改变。

一般数控系统都具有刀具半径自动补偿功能，编程时，只需按工件的实际轮廓尺寸编程即可，不必考虑刀尖圆弧半径的大小，加工时数控系统能根据刀尖圆弧半径自动计算出补偿量，避免少切或过切现象的产生。

刀尖半径补偿的原理是当加工轨迹到达圆弧或圆锥部位时，并不马上执行所读入的程序段，而是再读入下一段程序，判断两段轨迹之间的转接情况，然后根据转接情况计算相应的运动轨迹。由于多读了一段程序进行预处理，故能进行精确的补偿，自动消除车刀存在刀尖圆弧带来的加工误差，从而能实现精密加工，如图2.26所示。

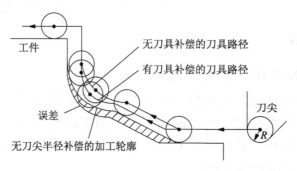

图2.26　刀尖半径补偿

2．刀尖圆弧半径补偿指令

1）指令功能

刀尖半径补偿是通过G41、G42、G40代码及T代码（刀尖方位号）指定的刀尖圆弧半径补偿号来加入或取消刀尖半径补偿的。其中，G41为刀具半径左补偿指令，沿着刀具前进方向看，刀具位于零件左侧；G42为刀具半径右补偿指令，沿着刀具前进方向看，刀具位于零件右侧，如图2.27所示。G40为取消刀具半径补偿指令，用于取消刀具半径补偿指令。

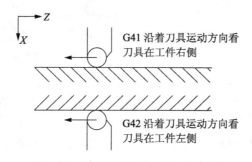

图2.27　前置刀架 G41/G42示意图

2）指令格式

$$\left.\begin{matrix} G41 \\ G42 \\ G40 \end{matrix}\right\} \left.\begin{matrix} G01 \\ G02 \end{matrix}\right\} \quad X(U)\_ \quad Z(W)\_;$$

说明：

（1）X（U）、Z（W）是G01、G00运动的目标点坐标。

（2）G40、G41、G42都是模态代码，可相互注销。

（3）G40、G41、G42只能用G00、G01指令组合完成。不允许与G02、G03等其他指令结合编程，否则机床会报警。

（4）G41、G42不能同时使用，即在程序中，前面程序段有了G41后，就不能接着使用G42，应先用G40指令解除G41刀具补偿状态后，才可使用G42刀具补偿指令。

（5）在调用新的刀具前，必须取消刀具补偿，否则会产生报警。

3. 刀尖半径补偿量的设定

（1）刀尖半径。补偿刀尖圆弧半径大小后，刀具自动偏离零件半径距离。因此，必须将刀尖圆弧半径尺寸值输入系统的存储器中。一般粗加工时，刀尖半径取0.8mm，半精加工取0.4mm，精加工取0.2mm。若粗、精加工采用同一把刀，一般刀尖半径取0.4mm。

（2）车刀形状和位置。车刀形状不同，决定刀尖圆弧所处的位置不同。数控车床加工时，采用不同的刀具，其假想刀尖相对圆弧中心的方位不同，执行刀具补偿时，刀具自动偏离零件轮廓的方向也就不同，它直接影响圆弧车刀补偿计算结果。因此，也要把代表刀尖形状和位置的参数输入到存储器中，车刀形状和位置参数称为刀尖方位T，图2.28（a）所示为刀架前置的数控车床假想刀尖位置的情况；图2.28（b）所示为刀架后置的数控车床假想刀尖位置的情况。如果以刀尖圆弧中心作为刀位点进行编程，则应选用0或9作为刀尖方位号T，其他号码都是以假想刀尖编程时采用的号码。

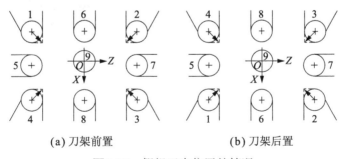

(a) 刀架前置　　　　　　　　　(b) 刀架后置

图2.28 假想刀尖位置的情况

只有在刀具数据库内按刀具实际放置情况设置相应的刀尖位置序号，才能保证对它进行正确的刀具补偿；否则，将会出现不符合要求的过切或少切现象。在实际加工时，刀具半径补偿量可以通过数控系统的刀具补偿设定画面设定，如图2.29所示。注意：T指令要与刀具补偿编号相对应，并且要输入假想刀尖号。

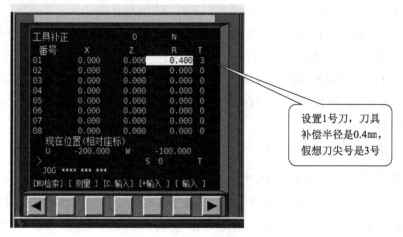

图2.29　刀具半径补偿设定界面

2.4.2　应用范例

【例2.8】如图2.30所示工件，为保证圆弧面的加工精度，考虑刀尖圆弧半径补偿，编制工件的精加工程序。

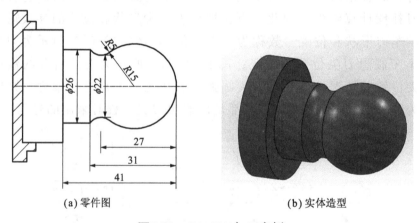

(a) 零件图　　　　　　　　　　　　　(b) 实体造型

图2.30　G41/G40加工实例

1. 建立工件坐标系

从图2.30（a）可以看出，将工件坐标系建立在工件的右端面可以简化坐标值的计算，如图2.31所示。

2. 坐标计算

加工此工件，首先考虑建立什么方向上的刀具补偿。因为是前置刀架，加工时，沿刀具前进方向，刀具位于工件左侧，所以是左刀具补偿，用G41指令。加工时，刀具由起刀点到达切削起点 O，然后沿逆时针圆弧方向到达 A 点，再沿顺时针圆弧方向到达 B 点，直线切削到 C 点，退刀，回到

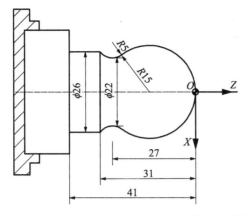

图2.31 建立工件坐标系（G41/G40加工实例）

起刀点。其各点坐标分别为：O（0，0）、A（24，-24）、B（26，-31）、C（26，-41）。

说明：A点的坐标需要利用两直角三角形相似特性来计算，如图2.32所示。其走刀轨迹及各基点坐标如图2.33所示。

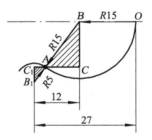

图2.32 A点坐标的计算

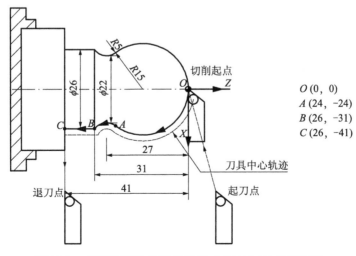

图2.33 走刀轨迹及各基点坐标（G41/G40加工实例）

如图2.32所示：$\triangle ABC \backsim \triangle AB_1C_1$，$AC/AC_1=AB/AB_1=15/5$，又已知 $AC_1+AC+BO=27$，$BO=15$，得 $AC_1+AC=12$，可以得出 $AC_1=3$，$AC=9$。

在 $\triangle ABC$ 中，$AB=15$，$AC=9$，根据勾股定理，得出 $BC=12$，所以得出 A 点坐标为（24，-24）。

3．程序编制（简化程序）

参考程序如下所示。

程　序	注　释
O0027；	（程序名）
N10 G98 G54 T0101 M03 S500；	（设定进给方式为 mm/min，设置 G54 工件坐标系，选用 1 号刀 1 号刀具补偿、主轴正转 500r/min）
N20 G00 X40 Z5；	（快进至起刀点）
N30 G41 G01 X0 Z0 F60；	（建立刀具圆弧半径补偿，工进接触工件）
N40 G03 X24 Z-24 R15；	（加工 R15 圆弧段）
N50 G02 X26 Z-31 R5；	（加工 R5 圆弧段）
N60 G01 Z-41；	（加工 ϕ26mm 外圆）
N70 G00 X50；	（退出已加工表面）
N80 G40 Z5；	（取消刀尖半径补偿，返回起刀点）
N90 M05；	（主轴停转）
N100 M30；	（程序结束）

2.5　单行程螺纹切削指令（G32）

2.5.1　指令详解

普通螺纹是机械零件中应用最为广泛的一种三角形螺纹，牙型角为60°角，如图2.34所示。普通螺纹数控车削的加工工艺主要包括以下几方面内容。

1．圆柱螺纹加工

如图2.35所示，可以看出圆柱螺纹加工的过程：

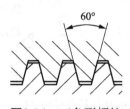

图2.34　三角形螺纹

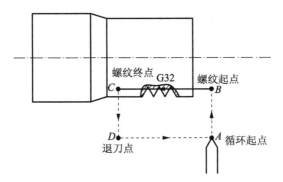

图2.35 圆柱螺纹加工轨迹

先让螺纹刀到达一循环起点A（参看第6点和实例分析）的位置，快速定位到螺纹起点B，用G32螺纹切削指令切削螺纹，至螺纹终点C，然后快速退刀到退刀点D，回到循环起点A。图中：虚线表示快速进给，实线表示螺纹切削。

2. 圆锥螺纹加工

如图2.36所示，可以看出圆锥螺纹的加工过程与圆柱螺纹相似，只是加工圆锥螺纹时，X、Z两个坐标同时有进给。图中：虚线表示快速进给，实线表示螺纹切削。

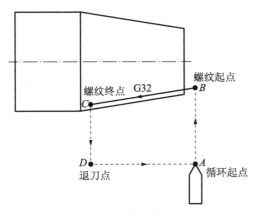

图2.36 圆锥螺纹加工轨迹

3. 螺距和导程

螺距是螺纹上相邻两牙在中径上对应点间的轴向距离（图2.37）。导程是一条螺旋线上相邻两牙在中径上对应点间的轴向距离。对于单线螺纹，螺距P=导程T，对于多线螺纹，导程T=螺距P×线数N。

4. 指令格式

G32 X（U）_ Z（W）_ F_

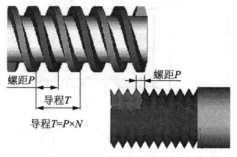

图2.37 螺距和导程

说明：

（1）X、Z——绝对编程时，螺纹终点坐标值。

（2）U、W——增量编程时，螺纹终点相对于螺纹起点的位移量。

（3）F——螺纹的导程。

圆柱螺纹车刀轨迹为一直线，所以X坐标为0。格式为：

　　G32 Z（W）_F_；

5．螺纹的起点和终点径向尺寸的确定

径向起点的确定决定于螺纹大径，按经验，一般编程直径比公称直径小0.2～0.3mm。

径向终点取决于螺纹小径，按经验公式确定：$d'=d-2\times0.62P$。其中：d为螺纹公称直径，P为螺距，d'为螺纹小径。

例如：数控车床要加工一个M24×1.5的外螺纹，那么，加工螺纹时的起点和终点径向尺寸是多少？

解：由M24×1.5得出d=24mm，P=1.5mm。

将以上数值代入公式$d'=d-2\times0.62P$，得到

　　$d'=d-2\times0.62P=24-2\times0.62\times1.5=22.14$（mm）

结果：加工螺纹时的起点径向尺寸为24mm，终点尺寸为22.14mm。

6．螺纹的起点和终点轴向尺寸的确定

车螺纹时，起始有一个加速过程，结束前有一个减速过程。为避免因车刀升降速而影响螺距的稳定，两端必须设置足够的升速进刀段δ_1和减速退刀段δ_2，如图2.38所示。

一般情况下，δ_1取1~2P，δ_2取0.5P。

7．分层背吃刀量

每次进给的背吃刀量用螺纹深度减去精加工背吃刀量所得的差按递减规律分配。

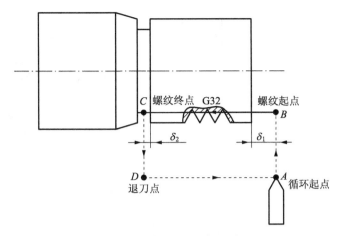

图2.38 螺纹的轴向尺寸

例如：前面示例车M24×1.5的外螺纹，经计算螺纹大径d=24mm，小径d'=22.14mm，得到径向的吃刀量为$d-d'$=24-22.14=1.86（mm）。

按递减规律分配，则可以取每次的吃刀量分别为：1mm、0.5mm、0.3mm、0.06mm。

8. 螺纹加工应注意的事项

（1）从螺纹粗加工到精加工，主轴的转速必须保持一个常数。

（2）在没有停止主轴转动的情况下，停止螺纹的切削将非常危险；因此螺纹切削时，进给保持功能无效，如果按下进给保持按键，刀具在加工完螺纹后停止运动。

（3）在螺纹加工中不使用恒定线速度控制功能。

（4）在螺纹加工轨迹中应设置足够的升速进刀段δ_1和降速退刀段δ_2，以消除伺服滞后造成的螺距误差。

2.5.2 应用范例

【例2.9】试编写如图2.39所示圆柱外螺纹的加工程序。

1. 建立工件坐标系

从图2.39（a）可以看出，将工件坐标系建立在工件的右端面可以简化坐标值的计算，如图2.40所示。

2. 坐标计算

对于普通螺纹M24×1.5，取δ_1=3mm，δ_2=1mm。

1）计算螺纹底径

$$d'=d-2\times0.62P=24-2\times0.62\times1.5=22.14（mm）$$

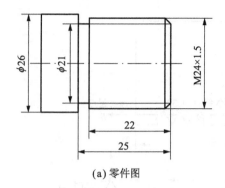

(a) 零件图　　　　　　　　　(b) 实体造型

图2.39　G32加工实例1

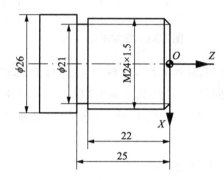

图2.40　建立工件坐标系（G32加工实例1）

2）确定背吃刀量

背吃刀量分别为1mm、0.5mm、0.3mm、0.06mm。

3）确定各点径向X坐标（图中螺纹起点B、螺纹终点C，因其是圆柱螺纹，B、C点的X坐标相同）

螺纹刀到达循环起点A（30，3），快进到螺纹起点B（X_1，3），G32螺纹切削指令从B点切削至螺纹终点C（X_1，$-22-1$）=C（X_1，-23），退刀由C点到退刀点D（30，-23），最后返回循环起点A，完成一次螺纹加工。循环起点A和退刀点D均不变，只是改变螺纹起点B，再循环三次，分别工进至X_2、X_3、X_4，完成螺纹车削。

由24 mm吃刀1mm，成为X_1=24-1=23（mm）。

由23 mm吃刀0.5mm，成为X_2=23-0.5=22.5（mm）。

由22.5 mm吃刀0.3mm，成为X_3=22.5-0.3=22.2（mm）。

由22.2 mm吃刀0.06mm，成为X_4=22.2-0.06=22.14（mm），加工到螺纹底径。其走刀轨迹及各基点如图2.41所示。

3. 程序编制（简化程序）

参考程序如下所示。

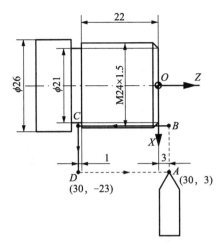

图2.41 走刀轨迹及各基点位置（G32加工实例1）

程　序	注　释
O0028 ；	（程序名）
N10 G54 T0101 M03 S500 ；	（设置 G54 工件坐标系，选用 1 号刀 1 号刀具补偿、主轴正转 500r/min）
N15 G00 X30.0 Z3.0 ；	（快进至循环起点）
N20 X23.0 ；	（快进到第一次螺纹起点 X_1）
N25 G32 Z-23.0 F1.5 ；	（螺纹切削，F 表示螺纹导程为 1.5mm）
N30 G00 X30.0 ；	（退刀）
N35 Z3.0 ；	（返回到循环起点）
N40 X22.5 ；	（快进到第二次螺纹起点 X_2）
N45 G32 Z-23.0 F1.5 ；	（螺纹切削）
N50 G00 X30.0 ；	（退刀）
N55 Z3.0 ；	（返回到循环起点）
N60 X22.2 ；	（快进到第三次螺纹起点 X_3）
N65 G32 Z-23.0 F1.5 ；	（螺纹切削）
N70 G00 X30.0 ；	（退刀）
N75 Z3.0 ；	（返回到循环起点）
N80 G00 X22.14 ；	（快进到螺纹底径起点 X_4）
N85 G32 Z-23.0 F1.5 ；	（螺纹切削）
N90 G00 X100.0 ；	（快速退刀）
N95 Z100.0 ；	（快速回到起刀点）
N100 M05 ；	（主轴停转）
N105 M30 ；	（程序结束）

【**例2.10**】试编写如图2.42所示圆锥外螺纹的加工程序。螺距$P=2$mm。

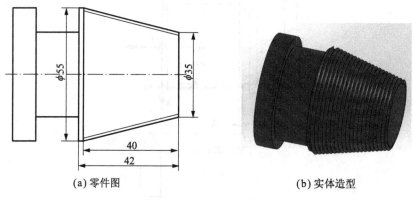

(a) 零件图   (b) 实体造型

图2.42 G32加工实例2

1. 建立工件坐标系

从图2.42（a）可以看出，将工件坐标系建立在工件的右端面可以简化坐标值的计算，如图2.43所示。

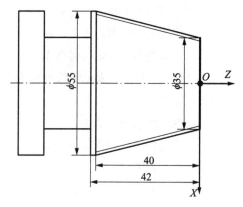

图2.43 建立工件坐标系（G32加工实例2）

2. 坐标计算

圆锥螺纹大端大径为$\phi55$mm。

圆锥螺纹小端大径为$\phi35$mm，$P=2$mm；取：$\delta_1=3$mm；$\delta_2=2$mm。

1）计算螺纹小端底径

$$d_1'=d_1-2\times0.62P=（35-2\times0.62\times2）\text{mm}$$
$$=32.52（\text{mm}）$$

2）计算螺纹大端底径

$$d_2'=d_2-2\times0.62P=（55-2\times0.62\times2）\text{mm}$$
$$=52.52（\text{mm}）$$

3）确定背吃刀量

背吃刀量分别为1mm、0.7mm、0.5mm、0.2mm、0.08mm。

4）确定各点径向X坐标（图中B、C点，因其是圆锥螺纹，B、C点X坐标不相同）

螺纹刀到达循环起点A（70，3），快进到螺纹起点B（X_1，3），G32螺纹切削指令从B点切削至螺纹终点C（X_1'，-40-2）= C（X_1'，-42），退刀由C点到退刀点D（70，-42），最后返回循环起点A，完成一次螺纹加工。循环起点A和退刀点D均不变，只是改变螺纹起点B和螺纹终点C的坐标，再循环四次，分别工进至X_2、X_2'；X_3、X_3'；X_4、X_4'；X_5、X_5'完成圆锥螺纹车削任务。

由$\phi 35$ mm、$\phi 55$ mm吃刀1mm，成为X_1=35-1=34（mm）、X_1'=55-1=54（mm）。

由$\phi 34$ mm、$\phi 54$ mm吃刀0.7mm，成为X_2=34-0.7=33.3（mm）、X_2'=54-0.7=53.3（mm）。

由$\phi 33.3$ mm、$\phi 53.3$mm吃刀0.5mm，成为X_3=33.3-0.5=32.8（mm）、X_3'=53.3-0.5=52.8（mm）。

由$\phi 32.8$ mm、$\phi 52.8$mm吃刀0.2mm，成为X_4=32.8-0.2=32.6（mm）、X_4'=52.8-0.2=52.6（mm）。

由$\phi 32.6$ mm、$\phi 52.6$mm吃刀0.08mm，成为X_5=32.6-0.08=32.52（mm）、X_5'=52.6-0.08=52.52（mm），加工到螺纹底径。其走刀轨迹及各基点坐标如图2.44所示。

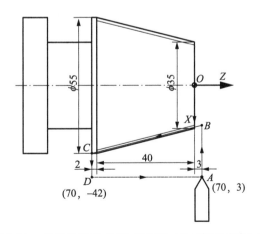

图2.44 走刀轨迹及各基点坐标（G32加工实例1）

3. 程序编制（简化程序）

参考程序如下所示。

程　序	注　释
O0029 ；	（程序名）
N10 G54 T0101 M03 S500 ；	（设置 G54 工件坐标系，选用 1 号刀 1 号刀具补偿、主轴正转 500r/min）
N15 G00 X70.0 Z3.0 ；	（快进至循环起点）
N20 X34.0 ；	（快进到第一次螺纹起点 X_1）
N25 G32 X54.0 Z-42.0 F2 ；	（螺纹切削到螺纹终点 X_1'，F 表示螺纹导程为 2mm）
N30 G00 X70.0 ；	（退刀）
N35 Z3.0 ；	（返回循环起点）
N40 X33.3 ；	（快进到第二次螺纹起点 X_2）
N45 G32 X53.3 Z-42.0 F2 ；	（螺纹切削到螺纹终点 X_2'）
N50 G00 X70.0 ；	
N55 Z3.0 ；	
N60 X32.8 ；	（快进到第三次螺纹起点 X_3）
N65 G32 X52.8 Z-42.0 F2 ；	（螺纹切削到螺纹终点 X_3'）
N70 G00 X70.0 ；	
N75 Z3.0 ；	
N80 X32.6 ；	（快进到第四次螺纹起点 X_4）
N85 G32 X52.6 Z-23.0 F2 ；	（螺纹切削到螺纹终点 X_4'）
N90 G00 X70.0 Z3.0 ；	
N95 X32.52 ；	（快进到螺纹小端底径 X_5）
N100 G32 X52.52 Z-42.0 F2 ；	（螺纹切削到螺纹大径底径 X_5'）
N105 G00 X100.0 Z100.0 ；	
N110 M05 ；	
N115 M30 ；	

第 3 章

数控车削编程循环指令

3.1 轴向切削固定循环指令（G90）

3.1.1 指令详解

功能：当零件的内、外圆柱面（圆锥面）上毛坯余量较大时，用G90指令可以去除大部分毛坯余量。

1. 内、外圆柱面切削循环指令

指令格式：

　　　G90 X（U）__ Z（W）__ F__；

式中，X、Z——切削终点的绝对坐标值；

　　　U、W——切削终点相对于切削起点的增量坐标值；

　　　F——切削进给速度。

2. 内、外圆锥锥体切削循环指令

指令格式：

　　　G90 X（U）__ Z（W）__ R__ F__；

式中，X、Z——终点绝对值坐标；

　　　U、W——终点相对于切削起点的增量坐标值；

　　　R——圆锥面切削起点与圆锥面切削终点的半径差。或表示锥度尺寸[$R=(D-d)/2$，D 为锥度大端直径，d 为锥度小端直径]。车削外圆锥度如是从小端车到大端时，切削锥度 R 为负值；车削内圆锥度，若是从大端车到小端时，内圆锥度 R 为正值；R 值的正负与刀具轨迹有关；

　　　F——切削进给速度。

3. G90走刀路线分析

G90走刀路线轨迹如图3.1所示，由一个循环，4个步骤完成。

（1）快速进刀，刀具从循环起点A快速进给到切削起点B（如图中1R所示，相当于G00指令）。

（2）切削进给，刀具由切削起点B以给定的进给速度切削至切削终点C（如图中2F所示，相当于G01指令）。

（3）退刀，刀具以给定的进给速度从切削终点C回到退刀点D（如图中3F所示，相当于G01指令）。

（4）快速返回，刀具从退刀点快速返回到循环起点（如图中4R所示，相当于G00指令）。

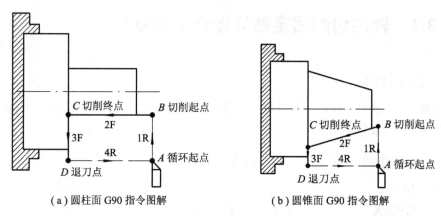

(a)圆柱面 G90 指令图解　　　　(b)圆锥面 G90 指令图解

图3.1　G90指令走刀路线图解
（虚线表示按R快速移动，实线表示按F指定的工件进给速度移动）

4. G90指令注意事项

在使用G90循环功能指令编制程序时，除了应合理选择切削用量，同时还应注意正确理解并处理下列几种情况。

（1）如何合理使用单一循环固定循环，应根据坯件的形状和工件的加工轮廓进行适当的选择，一般情况下的选择如图3.2所示。

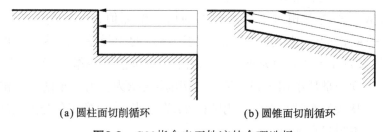

(a)圆柱面切削循环　　　　(b)圆锥面切削循环

图3.2　G90指令走刀轨迹的合理选择

（2）由于X（U）、Z（W）和R的数值在固定循环期间是模态的，如果没有重新指定X（U）、Z（W）和R，则原来指定的数据有效。

（3）如果在固定循环方式下，又指定了M、S、T功能，则固定循环和M、S、T功能同时完成。

（4）如果在单段运行方式下执行循环，则每一循环分4段进行，执行过程中必须按4次循环启动按钮。

（5）用MDI方式指令固定循环，该程序段执行后，再按启动按钮，可执行与前次相同的固定循环。

（6）G90是模态指令，当循环结束时，应该以同组的指令（G00、G01、G02等）将循环功能取消。

3.1.2 应用范例

【例3.1】请用G90指令加工如图3.3（a）所示的工件外圆柱表面。

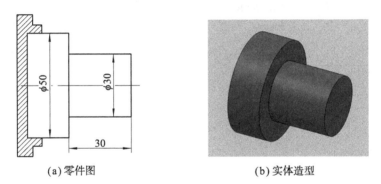

(a)零件图   (b)实体造型

图3.3 G90加工实例1

1．建立工件坐标系

从图3.3（a）可以看出，将工件坐标系建立在工件的右端面可以简化坐标值的计算，如图3.4所示。

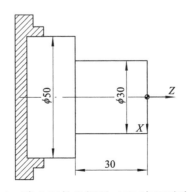

图3.4 建立工件坐标系（G90加工实例1）

2．坐标计算

由图3.3可以看出，要把工件从ϕ50mm切出ϕ30mm的圆柱面，径向吃刀量为20mm（直径值），一次吃刀量太大，需分次切削。考虑分成三次，径向依次按ϕ50mm→ϕ40mm→ϕ32mm→ϕ30mm切削。轴向尺寸为30mm。循环起点的坐标为A（60，2），由于G90只判断切削终点C的坐标，其三次切削点的坐标依次是：C_1（40，-30）、C_2（32，-30）、C_3（30，-30）。走刀轨迹及各基点坐标值如图3.5所示。

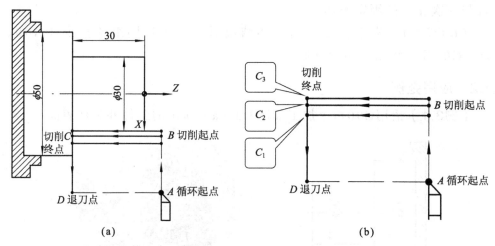

(a)　　　　　　　　　　　　　　　　　(b)

图3.5 走刀轨迹及各基点坐标（G90加工实例1）

3．程序编制

参考程序如下所示。

程　序	注　释
O0301；	（程序名）
N10 T0101 M03 S800；	（主轴正转，转速为800r/min）
N20 G00 X60 Z2；	（到达循环起点）
N30 G90 X40 Z-30 F200；	（第一次吃刀切削至ϕ40mm圆柱面）
N40 G90 X32 Z-30 F200；	（第二次吃刀切削至ϕ32mm圆柱面，因为G90是模态指令，所以这个程序段G90可以省略；终点坐标Z值相同，也可以省略；F相同，也可省略）
N50 G90 X30 Z-30 F200；	（第三次吃刀切削至ϕ30mm圆柱面，这个程序段省略情况同上，即G90、Z值、F值可省略）
N60 G00 X100 Z100；	
N70 M05；	
N80 M30；	

简化程序如下：

    O0302；

    N10 T0101 M03 S800；

    N20 G00 X60 Z2；

    N30 G90 X40 Z-30 F200；

    N40 X32；

    N50 X30；

    N60 G00 X100 Z100；

    N70 M05；

    N80 M30；

【例3.2】请用G90指令加工如图3.6（a）所示的工件外圆锥表面。

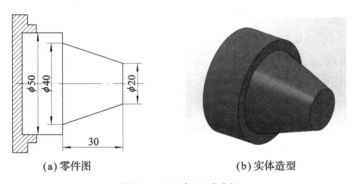

(a) 零件图   (b) 实体造型

图3.6 G90加工实例2

1．建立工件坐标系

从图3.6（a）可以看出，将工件坐标系建立在工件的右端面可以简化坐标值的计算，如图3.7所示。

2．坐标计算

走刀轨迹及各基点坐标如图3.8所示。由图3.6可看出，要把工件从圆锥面大端 ϕ 50mm切削成大端 ϕ 40mm的圆锥面，需分次切削。考虑分成两次，径向依次按 ϕ 50mm→ ϕ 45mm→ ϕ 40mm切削。轴向尺寸为30mm。循环起点的坐标为 A（60，3），由于G90只判断切削终点 C 的坐标，其两次切削点的坐标依

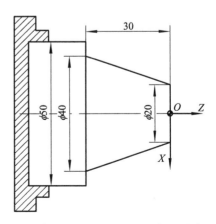

图3.7 建立工件坐标系（G90加工实例2）

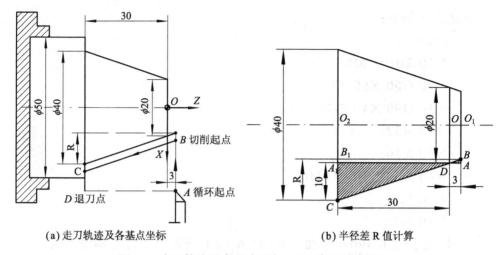

(a)走刀轨迹及各基点坐标　　　　　　　　**(b)半径差 R 值计算**

图3.8　走刀轨迹及各基点坐标（G90加工实例2）

次是：C_1（45，-30）、C_2（40，-30）。用G90切削圆锥时，需考虑切削起点与切削终点的半径差值，如图3.8（a）中R所示。R的计算如图3.8（b）所示。已知圆锥面大端直径为$\phi40$mm，小端直径为$\phi20$mm，得到A_1C=（40-20）/2=10（mm）。根据$\triangle ABD \backsim \triangle A_1CD$，得到$AB/A_1C=AD/A_1D$，$AB/10=3/30$，得到$AB$=1mm，而$A_1B_1=AB$=1mm。所以，$R=O_2C-O_1B=B_1C=B_1A_1+A_1C$=1+10=11（mm）。

3．程序编制

参考程序如下所示。

程　序	注　释
O0303 ；	
N10 G98 G54T0101 M03 S800 ；	
N20 G00 X60 Z3 ；	（到达循环起点）
N30 G90 X45 Z-30 R11 F200 ；	（第一次吃刀切削至大端$\phi45$mm 圆锥面）
N40 G90 X40 Z-30 R11 F200 ；	（第二次吃刀切削至$\phi40$mm 圆锥面，因为 G90 是模态指令，所以这个程序段 G90 可以省略；终点坐标 Z 值相同，也可以省略；F 相同，也可省略）
N60 G00 X100 Z100 ；	
N70 M05 ；	
N80 M30 ；	

简化程序如下：

　　O0304；

N10 T0101 M03 S800；

N20 G00 X60 Z3；

N30 G90 X45 Z-30 R11 F200；

N40 X40；

N60 G00 X100 Z100；

N70 M05；

N80 M30；

注意：

（1）在用G90加工圆锥面时，一定要注意循环起点Z向值的选取，因为它直径影响半径差R的计算。

（2）G90同样用于内孔面和内圆锥面的加工，如图3.9所示。

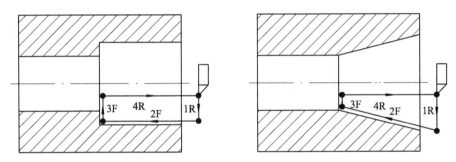

图3.9　内孔面和内圆锥面

3.2　端面切削固定循环指令（G94）

3.2.1　指令详解

功能：端面切削固定循环G94与轴向切削固定循环G90轨迹相似，只是方向相反。

1. 平端面车削循环

指令格式：G94　X（U）＿　Z（W）＿　F＿；

式中，X、Z——切削终点绝对值坐标；

　　　U、W——相对（增量）值切削终点坐标值；

　　　F——切削进给速度。

其轨迹如图3.10（a）所示，由4个步骤组成。图中：

1（R）表示第一步快速进刀。

2（F）表示第二步按进给速度切削。

3（F）表示第三步按进给速度切削退刀。

4（R）表示第四步快速返回。

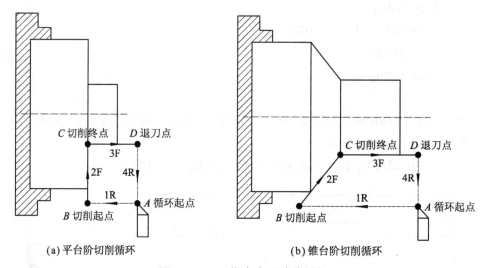

(a) 平台阶切削循环   (b) 锥台阶切削循环

图3.10 G94指令走刀路线图解
（虚线表示按R快速移动，实线表示按F指定的工件进给速度移动）

2．锥面车削循环

指令格式：G94 X（U）＿ Z（W）＿ R＿ F＿；

式中，X、Z——切削终点绝对值坐标；

U、W——相对（增量）值切削终点坐标尺寸；

R——端面切削起点相对于切削终点在Z轴方向的坐标分量。也可以用锥度尺寸[$R=(D-d)/2$，D为锥度大端直径，d为锥度小端直径]表示，车削外圆锥度如是从小端车到大端时，切削锥度R为负值；车削内圆锥度如是从大端车到小端时，内圆锥度R为正值；

F——切削进给速度。

G94轨迹如图3.10（b）所示，由4个步骤组成。其循环步骤同平端面车削循环。

3.2.2 应用范例

【例3.3】请用G94指令加工如图3.11（a）所示的外圆台阶工件。

1．建立工件坐标系

从图3.11（a）可以看出，将工件坐标系建立在工件的右端面可以简化坐标值的计算，如图3.12所示。

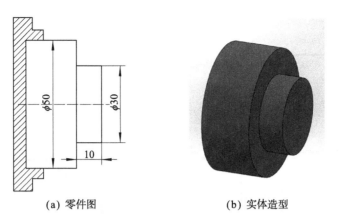

(a) 零件图　　　　　　　　(b) 实体造型

图3.11 G94加工实例1

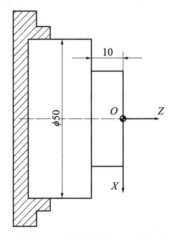

图3.12 建立工件坐标系（G94加工实例1）

2. 坐标计算

由图3.11可以看出，要把工件从$\phi 50$mm切出$\phi 30$mm的圆柱面端面，其轴向尺寸为10mm，一次吃刀量太大，需分次切削。考虑分成三次，轴向依次按4mm、4mm、2mm吃刀，径向尺寸为30mm。设循环起点的坐标为A（60，2），由于G94只判断切削终点C的坐标，其三次切削点的坐标（从离坐标原点最近为C_1点开始）依次是：C_1（30，-4）、C_2（30，-8）、C_3（30，-10）。走刀轨迹及各基点位置如图3.13所示。

3. 程序编制

参考程序如下所示。

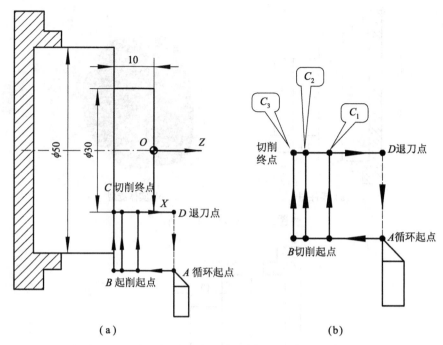

图3.13　走刀轨迹及各基点坐标（G94加工实例1）

程　序	注　释
O0305 ；	
N10 T0101 M03 S800 ；	
N20 G00 X60 Z2 ；	（到达循环起点）
N30 G94 X30 Z-4 F200 ；	（台阶切削循环，轴向吃刀 4mm）
N40 G94 X30 Z-8 F200 ；	（第二次吃刀 4mm，因为 G94 是模态指令，所以这个程序段 G94 可以省略；终点坐标 X 值相同，也可以省略；F 相同，也可省略）
N50 G94 X30 Z-10 F200 ；	（第三次吃刀 2mm，这个程序段省略情况同上，即 G94、X 值、F 值可省略）
N60 G00 X100 Z100 ；	
N70 M05 ；	
N80 M30 ；	

简化程序如下：

O0306；

N10 T0101 M03 S800；

N20 G00 X60 Z2；

N30 G94 X30 Z-4 F200；

N40 Z-8；

N50 Z-10；

N60 G00 X100 Z100；

N70 M05；

N80 M30；

注意：

（1）G94指令可用于加工锥台阶工件，如图3.14所示。

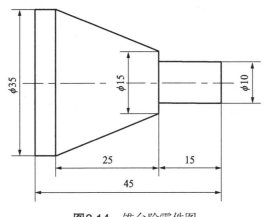

图3.14 锥台阶零件图

（2）在FANUC系统的数控车床中，G90、G94还可用于深孔钻削。

3.3 螺纹切削固定循环指令（G92）

3.3.1 指令详解

功能：螺纹切削循环指令把"快速进刀→螺纹切削→快速退刀→返回起点"4个动作作为一个循环。还能在螺纹车削结束时，按要求有规则退出（称为螺纹退尾倒角），可在没有退刀槽的情况下车削螺纹。

G92指令格式：

G92 X（U）__ Z（W）__ （R）__ F__；

直螺纹切削循环：

G92 X（U）__ Z（W）__ F__；

锥螺纹切削循环：

G92 X（U）__ Z（W）__ R__ F__；

式中，X、Z——绝对编程时，切削终点在工件坐标系下的坐标值；

U、W——增量编程时，切削终点相对于切削起点的有向距离；

F——螺纹的导程；

R——切削起点与切削终点X轴绝对坐标的差值（半径值），当R和U
的符号不一致时，要求｜R｜≤｜U/2｜，单位为mm。

关于切削螺纹的加工工艺请参阅第2章单行程螺纹切削指令G32。

直螺纹和锥螺纹的切削循环如图3.15所示。由循环起点A快速进刀至切
削起点B，从切削起点B进行螺纹切削至切削终点C（这里自然留出螺纹退尾
倒角），快速退刀至退刀点D，返回循环起点A，完成G92指令。

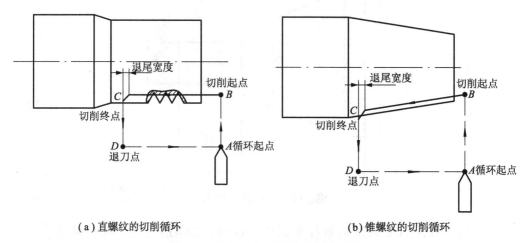

（a）直螺纹的切削循环   （b）锥螺纹的切削循环

图3.15   直螺纹和锥螺纹的切削循环
（虚线表示快速移动，实线表示螺纹切削）

3.3.2 应用范例

【例3.4】如图3.16所示，螺纹外径已车至小端直径ϕ19.8mm，大端直
径ϕ24.8mm，零件材料为45钢。用G92指令编制该螺纹的加工程序。

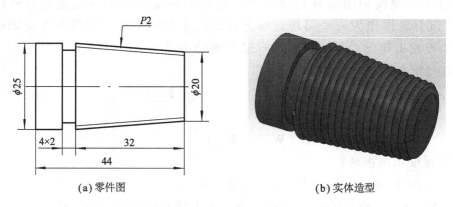

（a）零件图   （b）实体造型

图3.16   G92加工实例1

1．建立工件坐标系

从图3.16（a）可以看出，将工件坐标系建立在工件的右端面可以简化坐标值的计算，如图3.17所示。

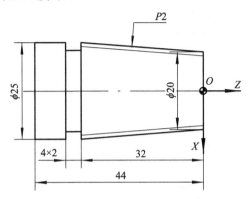

图3.17 建立工件坐标系（G92加工实例1）

2．坐标计算

普通螺纹P=2 mm，取δ_1＝3mm，δ_2＝2mm。

1）确定背吃刀量

螺纹实际牙型高度$h_{1实}$=0.62×P=0.62×2mm=1.24mm。（有的参考书籍以0.65计算）

直径方向的吃刀量为2×$h_{1实}$=2×1.24mm=2.48mm。

螺纹底径为：大端ϕ25 mm-2.48 mm=ϕ22.52mm。

按照分层递减规律分配吃刀量，分别为：1mm、0.8mm、0.4mm、0.2mm、0.08mm。

2）确定主轴转速

n≤1200/P-K=1200/2-80=520（r/min），取n=400r/min。（K为保险系数，一般取80）

3）确定各点径向X坐标（图中切削起点B、切削终点C，因其是圆锥螺纹，B、C点的X坐标不同，但G92只判别螺纹切削终点C的坐标)

取δ_1＝3mm，δ_2＝2mm。得到切削起点B的坐标为（19.53，3）、切削终点C的坐标为（25.31，-34），得到R=19.53/2-25.31/2=-2.9（mm）。

螺纹刀到达循环起点A（27，3），G92指令完成一个循环时，其切削终点C的坐标为（X_1，-34），循环起点A和退刀点D均不变，只是改变螺纹切削起点B和切削终点C的坐标，再循环四次，分别切削螺纹的切削终点坐标为（X_2，-34）（X_3，-34）（X_4，-34）（X_5，-34）完成圆锥螺纹车削。

由ϕ25mm吃刀1mm，成为X_1=25-1=24mm。

由ϕ24mm吃刀0.8mm，成为X_2=24-0.8=23.2mm。

由ϕ23.2mm吃刀0.4mm，成为X_3=23.2-0.4=22.8mm。

由ϕ22.8mm吃刀0.2mm，成为X_4=22.8-0.2=22.6mm。

由ϕ22.6mm吃刀0.08mm，成为X_5=22.6-0.08=22.52mm。切削至要求的螺纹底径，其走刀轨迹及各基点坐标如图3.18所示。

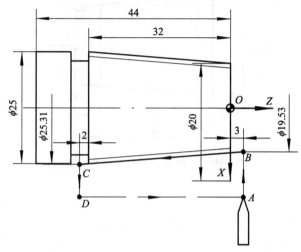

图3.18 走刀轨迹及各基点坐标（G92加工实例1）
（A为切削螺纹循环起点、B为切削起点、C为切削终点、D为退刀点）

3．程序编制（简化程序）

参考程序如下所示。

程 序	注 释
O0307；	（程序名）
N10 G97 M03 S400 T0303；	（设置 G54 工件坐标系，选用螺纹刀 T03、G97 为取消恒线速度，主轴正转 400r/min）
N15 G00 X27.0 Z3.0；	（快进至螺纹加工循环起点 A）
N20 G92 X24 Z-34 R-2.9 F2；	（螺纹车削循环第一刀，吃刀量为 1mm，螺距为 2 mm）
N30 X23.2；	（螺纹车削循环第二刀，吃刀量为 0.8mm）
X22.8；	（螺纹车削循环第三刀，吃刀量为 0.4mm）
X22.6；	（螺纹车削循环第四刀，吃刀量为 0.2mm）
X22.52；	（螺纹车削循环第五刀，吃刀量为 0.08mm）
X22.52；	（光顺一刀，吃刀量为 0mm）
N40 G00 X100 Z100；	
N50 M05；	
N50 M30；	

注意：螺纹加工尺寸计算（参照第2章单行程螺纹切削指令G32）。

【例3.5】如图3.19所示，内螺纹的底孔（ϕ20mm）已完成，C1.5的倒角已加工，零件材料为45钢，用G92指令编制该螺纹的加工程序。

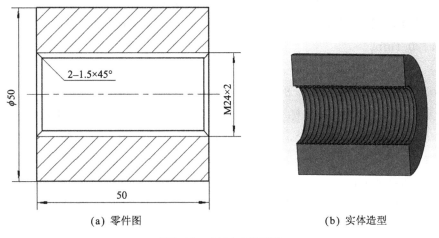

(a) 零件图   (b) 实体造型

图3.19 G92加工实例2

1. 建立工件坐标系

从图3.19（a）可以看出，将工件坐标系建立在工件的右端面可以简化坐标值的计算，如图3.20所示。

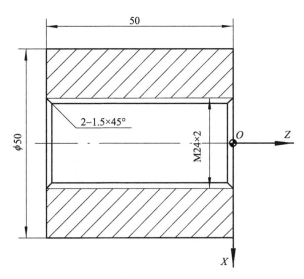

图3.20 建立工件坐标系（G92加工实例2）

2. 坐标计算

普通螺纹P=2 mm，取δ_1=5mm，δ_2=2mm。

1）确定背吃刀量

螺纹实际牙型高度 $h_{1实}=0.65\times P=0.65\times2$ mm$=1.3$ mm。（按0.65计算）

直径方向的吃刀量为 $2\times h_{1实}=2\times1.3$ mm$=2.6$ mm。

内螺纹底径为：$\phi24$ mm-2.6 mm$=\phi21.4$ mm。

按照分层递减规律分配吃刀量，分别为：1mm、0.8mm、0.4mm、0.3mm、0.1mm。

2）确定主轴转速

$n\leqslant1200/P-K=1200/2-80=520$（r/min），取 $n=400$ r/min。

3）确定各点径向 X 坐标（图中切削起点 B、切削终点 C，因其是圆柱内螺纹，B、C 点的 X 坐标相同，G92只判别螺纹切削终点 C 的坐标）

取 $\delta_1=5$ mm，$\delta_2=2$ mm。循环起点 A（20，5），G92指令完成一个循环时，其切削终点 C 的坐标为（X_1，-52），循环起点 A 和退刀点 D 均不变，只是改变螺纹切削起点 B 和切削终点 C 的坐标，再循环四次，分别切削螺纹的切削终点坐标为（X_2，-52）（X_3，-52）（X_4，-52）（X_5，-52）完成圆锥螺纹车削。

由 $\phi21.4$ mm吃刀1mm，成为 $X_1=21.4+1=22.4$（mm）。

由 $\phi22.4$ mm吃刀0.8mm，成为 $X_2=22.4+0.8=23.2$（mm）。

由 $\phi23.2$ mm吃刀0.4mm，成为 $X_3=23.2+0.4=23.6$（mm）。

由 $\phi23.6$ mm吃刀0.3mm，成为 $X_4=23.6+0.3=23.9$（mm）。

由 $\phi23.9$ mm吃刀0.1mm，成为 $X_5=23.9+0.1=24$（mm）。切削至要求的螺纹。其走刀轨迹及各基点坐标如图3.21所示。

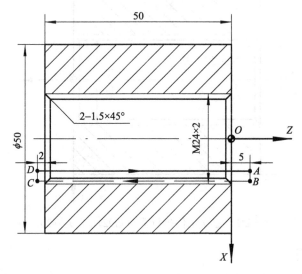

图3.21 走刀轨迹及各基点坐标（G92加工实例2）
（A 为切削螺纹循环起点、B 为切削起点、C 为切削终点、D 为退刀点）

3．程序编制（简化程序）

参考程序如下所示。

程　序	注　释
O0308；	（程序名）
N10 G97 M03 S400 T0303；	（设置 G54 工件坐标系，选用螺纹刀 T03，G97 为取消恒线速度，主轴正转 400r/min）
N15 G00 X20.0 Z5.0；	（快进至螺纹加工循环起点 A）
N20 G92 X22.4 Z-52.0 F2；	（螺纹车削循环第一刀，吃刀量 1mm，螺距为 2 mm）
N30 X23.2；	（螺纹车削循环第二刀，吃刀量为 0.8mm）
X23.6；	（螺纹车削循环第三刀，吃刀量为 0.4mm）
X23.9；	（螺纹车削循环第四刀，吃刀量为 0.3mm）
X24.0；	（螺纹车削循环第五刀，吃刀量为 0.1mm）
X24.0；	（光顺一刀，吃刀量为 0mm）
N40 G00 X100.0 Z100.0；	
N50 M05；	
N60 M30；	

3.4　内、外径复合循环指令（G71/G70）

3.4.1　指令详解

1．内、外径粗车复合循环指令 G71

G71 指令功能：G71 粗车是以多次 Z 轴方向走刀以切除工件余量，为精车提供一个良好的条件，适合于毛坯是回转体的零件。

G71 指令格式：

　　G71 U（Δd） R（e）；

　　G71 P（ns） Q（nf） U（Δu） W（Δw） F（f） S（s） T（t）；

式中，Δd——X 方向的吃刀量（半径值），是模态指令；

　　e——X 方向的退刀量，是模态指令；

　　ns——精加工轮廓程序段中的第一个程序段的段号；

　　nf——精加工轮廓程序段中的最后一个程序段的段号；

　　Δu——X 轴方向精加工余量的距离及方向（直径值编程为直径）；

　　Δw——Z 轴方向精加工余量的距离及方向；

F——粗加工的切削进给速度；

S——主轴转速，前面有的可省略；

T——刀具，前面有的可省略。

G71走刀循环路线：循环路线如图3.22所示，按照零件图所要加工的零件轮廓为$A \rightarrow B \rightarrow C \rightarrow D \rightarrow E \rightarrow F \rightarrow G$所组成的轮廓（此轮廓就是精加工轮廓）。假定粗加工时，X、Z轴方向保留的精加工余量为Δu和Δw，可以得出G71指令所要完成的粗加工轮廓为与$A \rightarrow B \rightarrow C \rightarrow D \rightarrow E \rightarrow F \rightarrow G$精加工轮廓等距的$A_1 \rightarrow G_1$的轮廓。加工时，设循环起点为$a$，刀具要稍稍退一步到$b$点，然后沿$X$径向吃刀，吃刀量用$\Delta d$（该量为半径值，无正负）表示，到达$c$点，接着沿$Z$轴向切削，找到与粗加工轮廓的交点$d$，停止切削，沿$45°$角退刀，退刀量用$e$表示，到达$f$点，轴向退刀点$g$点，完成一次切削循环，随后以

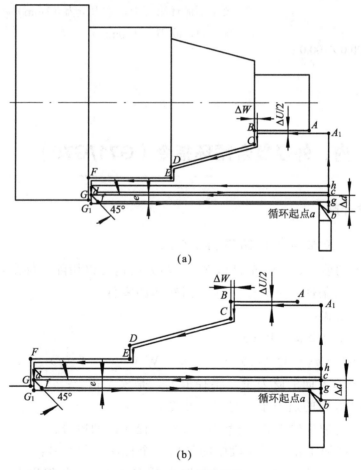

(a)

(b)

图3.22　G71指令循环轨迹
（图中$A \rightarrow B \rightarrow C \rightarrow D \rightarrow E \rightarrow F \rightarrow G$组成轮廓为精加工轮廓）

同样的方式，分几次切削，当刀具切削点与粗加工轮廓点重合时，刀具将沿粗加工轮廓$A_1 \to G_1$连续走一刀，最后回到循环起点a，完成G71指令。

　　ns为精加工路线的第一个程序段的顺序号，即图3.22中从AB段圆柱面开始的程序段号；nf为精加工路线的最后一个程序段段号，即图中FG段端面结束的程序段号。

　　注意：

　　（1）$\triangle u$、$\triangle w$精加工余量的正负判断。$\triangle u$、$\triangle w$与工件坐标X、Z轴正方向相同时，为正，否则为负。

　　（2）ns至nf程序段中F、S或T功能在G71循环时无效，而在G70循环时ns至nf程序段中F、S或T功能有效。

　　（3）ns至nf程序段中恒线速功能无效。

　　（4）G96、G97、G98、G99、G40、G41、G42指令在执行G71循环中无效，执行G70精加工循环时有效。

　　（5）ns至nf程序段中不能调用子程序。

　　（6）G71只用于单调性（零件尺寸单调递增或递减）零件轮廓的加工，如图3.23所示的零件。

图3.23　单调性零件

　　（7）ns程序段中可含有G00、G01指令，不许含有Z轴运动指令。

　　2. 精加工指令G70

　　指令功能：刀具从起点位置沿着ns至nf程序段给出的工件精加工轨迹进行精加工。

　　指令格式：

　　　　G70　P（ns）Q（nf）；

式中，ns——精加工轮廓程序段中的第一个程序段的段号；

　　　　nf——精加工轮廓程序段中的最后一个程序段的段号。

　　G70指令轨迹由ns至nf程序段的编程轨迹决定，即零件图决定。

在G71、G72或G73进行粗加工后，用G70指令进行精车，单次完成精加工余量的切削。

G70循环结束时，刀具返回到起点并执行G70程序段后的下一个程序段。

指令说明：

（1）G70必须在*ns*至*nf*程序段后编写。

（2）执行G70精加工循环时，*ns*～*nf*程序段中的F、S、T指令有效。

（3）G96、G97、G98、G99、G40、G41、G42指令执行G70精加工循环时有效。

（4）在同一程序中需要多次使用复合循环指令时，*ns*～*nf*不允许有相同的程序段号。

注意：G70为精车循环，该指令不能单独使用，需跟在粗车复合循环指令G71、G72、G73之后。例如：

G71 U1.5 R0.5；

G71 P100 Q200 U1 W0.5 F150；

G70 P100 Q200；

3.4.2 应用范例

【例3.6】按图3.24所示的零件尺寸编写外圆粗切循环加工程序。

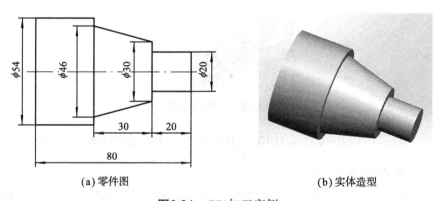

(a) 零件图　　　　　　　　　　(b) 实体造型

图3.24　G71加工实例1

1. 建立工件坐标系

从图3.24（a）可以看出，将工件坐标系建立在工件的右端面可以简化坐标值的计算，如图3.25所示。

2. 参数设定及坐标计算

循环起点选在毛坯外一点（60，2），吃刀量 Δd=2mm，退刀量e=0.5mm，

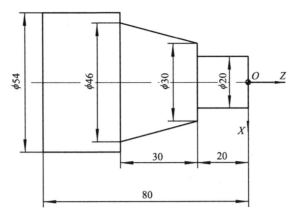

图3.25　建立工件坐标系（G71加工实例1）

X、Z轴方向的精加工余量 $\Delta u=0.5$mm，$\Delta w=0$mm。

　　精加工轮廓由零件图决定，从 $A\rightarrow B\rightarrow C\rightarrow D\rightarrow E\rightarrow F$ 段的轮廓，即 $\phi 20$mm 的圆柱面，端面，小端 $\phi 30$mm、大端 $\phi 46$mm圆锥面，$\phi 54$mm的圆柱面组成。点A、B、C、D、E、F的坐标依次是：A（20，0）、B（20，-20）、C（30，-20）、D（46，-50）、E（54，-50）、F（54，-80）。循环起点及精加工轮廓各基点坐标如图3.26所示。

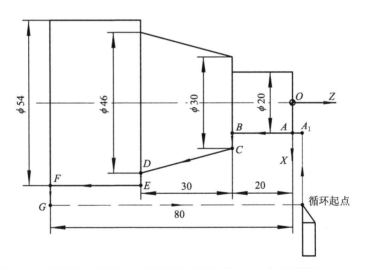

图3.26　循环起点及精加工轮廓各基点坐标（G71加工实例1）

3．程序编制

参考程序如下所示。

程　序	注　释
O0309 ;	（程序名）
N10 G54 T0101 M03 S800 ;	（设置 G54 工件坐标系，选用 1 号刀 1 号刀具补偿、主轴正转 800r/min）
N20 G00 X60 Z50 ;	（快进至起刀点）
N30 G00 X60 Z2 ;	（G71 循环起点）
G71 U2 R0.5 ;	
G71 P40 Q50 U0.5 W0 F0.2 ;	（按照 G71 指令格式书写，并把相应的参数值填写进去。如 G71 U（Δd） R（e）；取 Δd=2mm，e=0.5mm，则得 G71 U2 R0.5 ；其他同理。S、T 与前面程序段相同，所以可省略）
N40 G00 X20 S900 ;	（ns 第一个程序段，此段不允许有 Z 方向的定位，从这个程序段可以看到 ns 程序段号为 40，所以 G71 指令中的 P（ns）应改为 P40）
G01 Z-20 F0.15 ;	
X30 ;	精加工程序
X46 Z-50 ;	
X54 ;	
Z-80 ;	
N50 X60 ;	（nf 最后一个程序段，从这个程序段可以看到 nf 程序段号为 50，所以 G71 指令中的 Q（nf）应改为 Q50）
N50 G70 P40 Q50 ;	（完成精加工，说明：精加工时主轴转速为 S900，进给速度为 F0.15，这两个值在精加工程序中体现）
G00 X100 Z100 ;	
M05 ;	（主轴停）
M30 ;	（主程序结束并复位）

【例3.7】用G71指令完成如图3.27所示的零件尺寸编写内孔粗加工程序，现工件钻 ϕ26mm 的底孔。

1. 建立工件坐标系

从图3.27（a）可以看出，将工件坐标系建立在工件的右端面可以简化坐标值的计算，如图3.28所示。

2. 参数设定及坐标计算

循环起点选在内孔里一点（25，2），吃刀量 Δd=2mm，退刀量 e=0.5 mm，

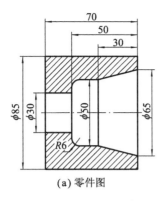 

(a) 零件图   (b) 实体造型

图3.27 G71加工实例2

X、Z轴方向的精加工余量 $\triangle u$=0.5mm，$\triangle w$=0.2mm。

精加工轮廓由零件图决定，从$A \rightarrow B \rightarrow C \rightarrow D \rightarrow E \rightarrow F$段的轮廓，即大端$\phi$65mm、小端$\phi$50mm内圆锥孔，$\phi$50mm、倒圆角为$R$6的内圆柱孔，$\phi$30mm的内圆柱孔组成。点$A$、$B$、$C$、$D$、$E$、$F$的坐标依次是：$A$（65，0）、$B$（50，-30）、$C$（50，-44）、$D$（38，-50）、$E$（30，-50）、$F$（30，-70）。循环起点及精加工轮廓各基点坐标如图3.29所示。

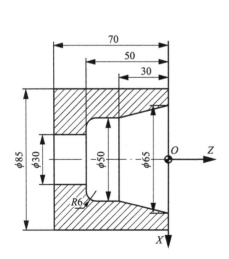

图3.28 建立工件坐标系（G71加工实例2）

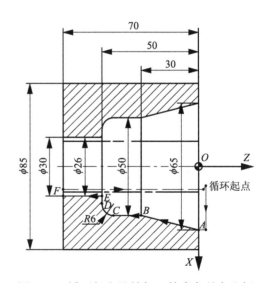

图3.29 循环起点及精加工轮廓各基点坐标（G71加工实例2）

3. 程序编制（简化程序）

参考程序如下所示。

程　序	注　释
O0310 ;	(程序名)
N10 G54 T0101 M03 S800 ;	(设置 G54 工件坐标系,选用 1 号刀 1 号刀具补偿、主轴正转 800r/min)
N20 G00 X60 Z50 ;	(快进至起刀点)
N30 G00 X25 Z2 ;	(G71 循环起点)
G71 U2 R0.5 ;	
G71 P40 Q50 U0.5 W0.2 F0.2 ;	(按照 G71 指令格式书写,并把相应的参数值填进去。如 G71 U ($\triangle d$) R (e);取 $\triangle d$=2mm, e=0.5mm,则得 G71 U2 R0.5;其他同理。S、T 与前面程序段相同,所以可省略)
N40 G00 X65 S900 ;	(ns 第一个程序段,此段不允许有 Z 方向的定位,从这个程序段可以看到 ns 程序段号为 40,所以 G71 指令中的 P (ns) 应改为 P40)
G01 Z0 F0.15 ;	
X50 Z-30 ;	
Z-44 ;	精加工程序
G03 X38 Z-50 R6 ;	
G01 X30 ;	
Z-71 ;	
N50 X28 ;	(nf 最后一个程序段,从这个程序段可以看到 nf 程序段号为 50,所以 G71 指令中的 Q (nf) 应改为 Q 50)
N50 G70 P40 Q50 ;	(完成精加工,说明:精加工时主轴转速为 S900,进给速度为 F0.15,这两个值在精加工程序中体现)
G00 X100 Z100 ;	
M05 ;	(主轴停)
M30 ;	(主程序结束并复位)

注意:

加工内孔时,应考虑所选用的刀具。

3.5 端面粗车复合循环指令（G72）

3.5.1 指令详解

端面粗车复合循环指令G72，适用于圆柱棒料毛坯端面方向粗车。与外（内）径粗车复合循环G71均为粗加工循环指令，其区别仅在于指令G71是沿着平行于Z轴进行切削循环加工的，而指令G72切削方向平行于X轴，从外径方向往轴心方向切削端面，如图3.30所示。

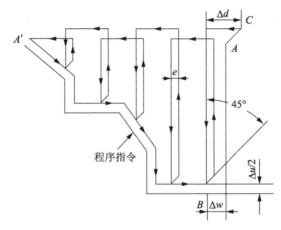

图3.30 端面粗车复合循环

1. 指令格式

G72 W（Δd）R（e）；

G72 P（ns）Q（nf）U（Δu）W（Δw）F（f）S（s）T（t）；

式中，Δd——切深量。是模态值，在下个指定前均有效。无正负号，半径指定，切入方向决定于AA'方向。可用系统中参数设定，也可用程序指令数值。程序指令数值优先；

$\qquad$ e——退刀量。是模态值，在下次指定前均有效。可用系统中参数设定，也可用程序指令数值；

$\qquad$ ns——精加工形状程序段组的第一个程序段顺序号；

$\qquad$ nf——精加工形状程序段组的最后一个程序段顺序号；

$\qquad$ Δu——X轴方向精加工余量的距离和方向（直径/半径指定）；

$\qquad$ Δw——Z轴方向精加工余量的距离和方向；

$\qquad$ f、s、t——粗车循环中进给速度，主轴转速及刀具、刀具补偿值的选择。

2．指令特点

（1）G72与G71切深量Δd切入方向不同，G71沿X轴进给切深，而G72沿Z轴进给切深。

（2）A和A'之间的刀具轨迹在包含G00或G01顺序号为ns的程序段中指定，在A→A'这个程序段中不能指定X轴的运动指令，否则会出现程序报警。A'→B精加工形状的移动指令，由顺序号ns到nf的程序段指令。

（3）用G72指令加工的工件形状，有如图3.31所示四种情况。

（4）A'和B之间的刀具轨迹可以是直线，也可以是圆弧。在X和Z方向必须单调递增或单调递减。

（5）用恒表面切削速度控制主轴时，顺序号ns到nf的程序段指令的G96或G97无效，而在G71程序段或之前的程序段中指令的G96或G97有效。

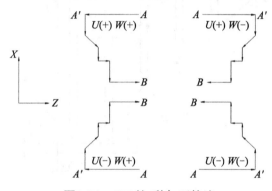

图3.31　G72的4种加工轨迹

3．精车循环指令G70

由G71、G72进行粗加工循环完成后，可以用G70指令实现精加工。

1）编程格式

G70　P（ns）Q（nf）；

式中，ns——精加工形状程序段组的第一个程序段顺序号；

nf——精加工形状程序段组的最后一个程序段顺序号。

2）指令特点

（1）G70指令一般用于G71、G72、G73粗车循环后，G70按G71、G72、G73指定的精加工路线，切除粗加工中留下的余量。其中，ns指定精加工循环的第一个程序段的顺序号；nf指定精加工循环的最后一个程序段的顺序号，共用G71、G72指令中的ns～nf精加工路线段。

（2）在粗加工循环G71、G72、G73状态下，如在G71、G72、G73指令段以前或在指令段中指令了F、S、T，则G71、G72、G73中指令的

F、S、T优先有效，而N（ns）N（nf）程序段中指令的F、S、T无效；在精加工循环G70状态下，则N（ns）N（nf）程序段中的F、S、T有效。在G70～G73功能中N（ns）至N（nf）间的程序段不能调用子程序。循环结束后刀具将快速回到循环起始点。

（3）在执行G70指令时，在含指令G71、G72程序段中指令的F、S、T无效。在顺序号ns到nf的程序段间指令的F、S、T有效。当顺序号ns到nf的程序段间没有指令F、S、T时，在粗车循环前指令的F、S、T有效。

（4）G70循环结束后，刀具会快速返回到起点位置，并开始执行G70循环的下一个程序段。

3.5.2 应用范例

如图3.32所示的工件，用G72、G70指令编制加工程序。

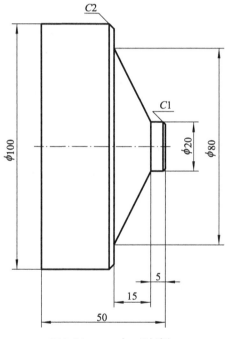

图3.32 G72加工实例1

1．工艺分析

（1）零件图工艺分析。该零件表面由两个圆柱面和一个圆锥面组成，尺寸精度与表面粗糙度要求不高。尺寸标注完整，轮廓描述清楚。已知毛坯材料为45钢，毛坯尺寸为$\phi105\mathrm{mm}\times60\mathrm{mm}$的锻件。用循环指令进行粗车，用基本指令进行精车。

（2）选择设备。根据被加工零件的外形和材料等条件，选用CK6140数控车床。

（3）确定零件的定位基准和装夹方式。由于工件直径较大，可选择反爪进行安装。

（4）确定加工顺序及进给路线，如图3.33所示。

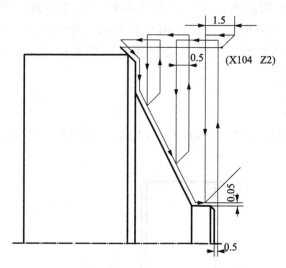

图3.33 G72加工实例1走刀路线

先车削ϕ100mm至要求的工件尺寸，然后用循环指令G72加工其他尺寸。

（5）选择刀具。因表面粗糙度要求不高，该锥盘粗、精车选用一把YT15硬质合金右偏刀，减少换刀次数。

（6）选择切削用量。

背吃刀量的选择。轮廓粗车循环时选a_p=1.5mm，精车a_p=1mm，精车Z向0.5mm，X向0.01mm。

主轴转速的选择。粗、精车选n=600r/min。

进给速度的选择。根据相关手册选择粗车、精车每转进给量，再根据加工的实际情况确定粗车每转进给量为0.2mm/r，精车每转进给量为0.15mm/r，根据公式v_f=nf计算粗、精车进给速度分别为200mm/min和180mm/min。

2．加工程序编制

参考加工程序如下所示。

程　序	注　释
O0311；	（程序名）
G99 G97 M03 T0101 S600 F0.2；	（G99 设定进给量为 F0.2，单位是 mm/r，选择 1 号外圆右偏车刀，主轴正转，转速为 600r/min）
G00 X104.0 Z2.0；	（刀具快速到达起刀点）
G94 X-1.0 Z0 F0.2；	（端面切削循环指令 G94 切断面）
G90 X100.0 Z-50.0 F0.15；	（外径切削循环指令 G90 车外圆）
G72 W1.5 R0.5；	（粗车加工，每次切削深度为 1.5mm，退刀 0.5mm）
G72 P1 Q2 U0.01 W0.5；	（粗车加工，X 方向为 0.01mm，Z 方向为 0.5mm）
N1 G00 Z-22.0；	（精加工路线起始行，定位到 Z-22mm）
G01 X100.0；	（快速到 X100mm）
X96.0 Z-20.0；	（倒角）
X80.0；	（精加工路线车端面）
X20.0 Z-5.0；	（车锥面）
Z-1.0；	（车外圆）
X18.0 Z0.0；	（倒角）
N2 G01 Z1.0；	（精加工路线终点行，离开工件 1mm）
G70 P1 Q2；	（精车加工）
G00 X150.0 Z100.0；	（取消 G90 指令，刀具快速返回到起点）
M30；	（程序结束并返回）

3.6 封闭切削复合循环指令（G73）

3.6.1 指令详解

本指令可以车削固定的图形。这种切削循环，可以有效地切削铸造成型、锻造成型或已粗车成型的工件。

1. 编程格式

G73 U（Δi）W（Δk）R（d）；

G73 P（ns）Q（nf）U（Δu）W（Δw）F（f）S（s）T（t）；

式中，Δi——X 方向退刀量的距离和方向，该值为半径指定，模态有效；

Δk——Z 方向退刀量的距离和方向；

d——分割数。此值与粗切重复次数相同。Δi，Δk，d 可用系统中参数设定，也可用程序指令数值，根据程序指令，参数值也改变；

ns——精加工形状程序段组的第一个程序段顺序号；

nf——精加工形状程序段组的最后一个程序段顺序号；

Δu——X轴方向精加工余量的距离和方向（直径/半径指定）；

Δw——Z轴方向精加工余量的距离和方向；

f、s、t——粗车循环中相关的进给速度，主轴转速及刀具、刀具补偿
值的选择。

加工轨迹如图3.34所示。

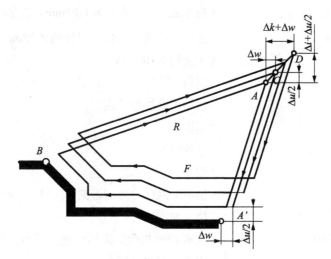

图3.34   封闭切削复合循环G73指令加工轨迹

执行G73功能时，每一刀的切削路线的轨迹形状是相同的，只是位置不
同。每走完一刀，就把切削轨迹向工件移动一个位置，因此对于经锻造、铸
造等粗加工已初步成型的毛坯，可高效加工。

2．指令特点

（1）在ns～nf中任何一个程序段上的F、S、T功能均无效，仅在G73中
的F、S、T功能有效。

（2）一定形状的循环切削可用G73指令中顺序号ns～nf的程序段来指
令。精加工余量的方向符号与G71、G72相同。

（3）G73循环结束后，刀具自动返回A点。

（4）G73指令可以加工X、Z轴方向轮廓不规则变化的工件。

（5）G73中在ns～nf的程序段不能调用子程序

（6）当程序中Δi、Δk任一个为零时，需在程序中输入U0或W0。

3. 精车循环指令（G70）

由G71、G72、G73进行粗加工循环完成后，可以用G70指令实现精加工。

编程格式：

G70 P（*ns*）Q（*nf*）；

式中，*ns*——精加工形状程序段组的第一个程序段顺序号；

nf——精加工形状程序段组的最后一个程序段顺序号。

指令特点：

（1）在执行G70指令时，在含指令G71、G72、G73程序段中指令的F、S、T无效。在顺序号*ns*～*nf*的程序段间指令的F、S、T有效。当顺序号*ns*～*nf*的程序段间没有指令F、S、T时，在粗车循环前指令的F、S、T有效。

（2）G70循环结束后，刀具会快速返回起始点位置，并开始执行G70循环的下一个程序段。

3.6.2 应用范例

使用G73、G70指令编制如图3.35所示工件的加工程序。

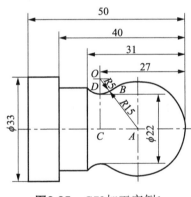

图3.35 G73加工实例1

1. 工艺分析

1）零件图工艺分析

该零件表面由两个圆柱面、一个圆弧面和一个球面组成，尺寸精度与表面粗糙度要求不高。已知毛坯材料为45钢，毛坯尺寸为ϕ35mm×50mm的圆棒料。使用循环指令粗车，使用基本指令精车。

2）选择设备

根据被加工零件的外形和材料等条件，选用CK6140数控车床。

3）确定零件的定位基准和装夹方式

选择三爪卡盘进行安装，如果ϕ26mm左端的外圆已经精加工过，为避免夹伤，也可选择软卡爪。

4）确定加工顺序及进给路线

在数控车床中，应用指令车削圆弧时，若一刀就把圆弧加工出来，这样吃刀量太大，容易打刀。所以实际车削圆弧时，需要多刀加工，先将大余量切除，最后精车得到所需圆弧。

图3.36所示为车圆弧的同心圆弧切削路线，沿不同的半径圆来车削，最后将所需圆弧加工出来。此方法在确定了每次背吃刀量后，对90°圆弧的起点、终点坐标较易确定，数值计算简单，编程方便，因此常被采用。

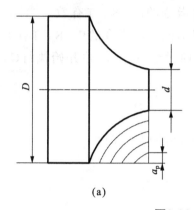 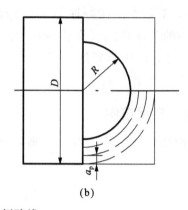

(a) (b)

图3.36 车圆弧的切削路线

（1）单球手柄坐标点的计算。

需求B点坐标，在直角三角形AOC中，已知$AO=20$，$OC=16$，$\triangle ODB \backsim \triangle OCA$，所以$DB=1/4AC=1/4（27-15）=3$，$OD=4$，因此，$B$点坐标为（24，-24）。

（2）单球手柄的加工路线。

对刀，设置编程原点在右端面中心处。

先车削$\phi30.5mm$的圆柱面，然后用循环指令G73粗加工，X向单边留余量0.25mm，Z向留余量0.2mm。

最后用指令G70精加工零件。

5）选择刀具

因表面粗糙度要求不高，该工件粗、精车选用一把YT15硬质合金可转位车刀，刀片采用菱形。

6）选择切削用量

背吃刀量的选择。轮廓粗车循环时选$a_p=1.5mm$，精车$a_p=0.25mm$，精车Z向0.2mm，X向0.25mm。

主轴转速的选择。粗车选择主轴转速 $n=600\text{r/min}$，精车选择主轴转速 $n=1250\text{r/min}$。

进给速度的选择。根据相关手册选择粗车、精车每转进给量，再根据加工的实际情况确定粗车每转进给量为 0.2mm/r，精车每转进给量为 0.1mm/r，根据公式 $v_\text{f}=nf$ 计算粗、精车进给速度分别为 200mm/min 和 180mm/min。

2．加工程序编制

编制该零件的加工程序如下：

程 序	注 释
O0312 ；	（程序名）
G99 G97 M03 T0101 S600 F0.2 ；	（主轴正转启动，转速 600r/min，1 号刀及 1 号刀具补偿，进给量为 0.2mm/r）
G00 X200.0 Z200.0 ；	（刀具快速移动到换刀点）
X38.0 Z2.0 ；	（快速定位简单端面循环始点）
G94 X-1.0 Z0 F0.2 ；	（切削端面）
G73 U6.0 W0 F0.2 ；	（用固定循环 G73 指令粗车各部分尺寸）
G73 P1 Q2 U1.0 W0 ；	
N1 G00 X0 ；	（精加工路径起始行）
G01 Z0 F0.1 ；	（直线进给到达（X0，Z0）位置）
G03 X24.0 Z-24.0 R15.0 F0.15 ；	（加工逆时针圆弧 R15）
G02 X26.0 Z31.0 R5.0 ；	（加工顺时针圆弧 R5）
G01 Z-40.0 ；	（加工 $\phi 26\text{mm}$ 外圆）
N2 X35.0 ；	（精加工路径终止行）
G70 P1 Q2 ；	（用固定循环 G70 指令精车各部分尺寸）
G00 X100.0 Z100.0 ；	（刀具远离工件）
M30 ；	（程序结束并返回）

3.7 复合外圆、内圆切槽循环指令（G75）

3.7.1 指令详解

对于较宽或较深的槽或多处均匀相间、形状尺寸相同的槽，由于车槽的刀数较多，用 G01 的方法编程效率较低，这时可以采用内（外）径车槽循环指令 G75 进行车槽，如图 3.37 所示。

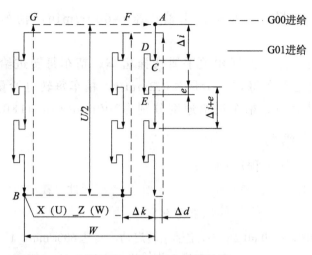

图3.37   G75复合循环轨迹

指令格式：

  G75 R（e）；

  G75 X（U）Z（W）P（Δi）Q（Δk）R（Δd）F（f）；

式中，e——每切完一刀后沿X向的退刀量，用半径值指定，单位为mm，模
    态值；

  X（U）、Z（W）——车槽终点处坐标值；

  Δi——X方向的每次切深量，半径值，无正负号，单位为μm；

  Δk——刀具完成一次径向切削后，在Z方向的偏移量，无正负号，单位
    为μm，其值应小于刀具宽度；

  Δd——刀具在切削底部的退刀量，Δd的符号一定是正，单位为μm，
    最好取0；

  f——进给量，单位为mm/r或mm/min。

刀具从起刀点（在图的右上方，图上未画出）快速移动至循环起点（A
点）；刀具沿径向（X向）以进给量f工进，进深Δi（C点）后退刀e（D点）
断屑，如此循环直至刀具到达径向终点X的坐标值；

径向退刀至A点，完成一次切槽循环后刀具轴向（凹槽终点Z的坐标值方
向）偏移Δk至F点，进行第二次切槽循环。一次循环至切槽循环终点B点坐
标，径向快速退刀至G点，再快速退回循环起点A，完成整个切槽循环。

3.7.2 应用范例

1．范例1

加工如图3.38所示四处3mm宽外沟槽，刀具宽度为3mm。

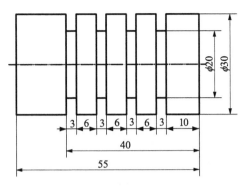

图3.38 G75加工实例1

参考加工程序如下所示。

程 序	注 释
O0313 ；	（程序号）
G99 G97 M03 S400 T0303 ；	（主轴正转，转速 400r/min）
G00 X32.0 Z-13.0 ；	（刀具快速移动到循环点）
G75 R1 ；	（R 退刀量为 1mm）
G75 X20.0 Z-40.0 P3000 Q90000 F0.5 ；	（X 向每次吃刀量为 3mm（半径值），Z 向每次增量移动 9mm）
G00 X100.0 ；	（刀具 X 向远离工件）
Z100.0 ；	（刀具 Z 向远离工件）
M05 ；	（主轴停止转动）
M30 ；	（程序结束且返回）

2．范例2

用G75指令编写图3.39所示零件的宽槽加工程序，刀具宽度为4mm。

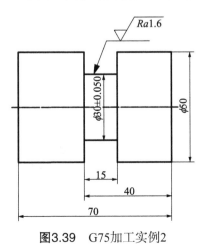

图3.39 G75加工实例2

以工件右端面中心处坐标原点建立工件坐标系，编写的程序如下。

程 序	注 释
O0314；	（程序名）
T0101 M03 S500 F0.1；	（调 1 号刀，主轴转速为 500r/min）
G00 X60.0 Z-29.2 M08；	（刀具快速移动到循环点，切削液开）
G75 R2.0；	（切槽循环）
G75 X30.2 Z-39.8 P6000 Q3800；	（切槽循环，切深6mm，位移3.8mm（侧面留0.2mm））
G01 X60.0 Z-29.0；	（刀具移动到精加工起始点）
X30.0；	（右侧面精加工）
G04 X2.0；	（刀具在槽底暂停 2s）
Z-40.0；	（槽底加工）
X60.0；	（左侧面精加工）
G00 X100.0 Z100.0；	（刀具快速移动到安全点）
M05；	（主轴停）
M09；	（冷却液关）
M30；	（程序结束并返回）

注：由于G75指令无法对槽底及两侧面进行精车，因此对精度要求较高的槽，可以先用G75完成粗车加工，再用G01进行精车加工，如图3.40所示。

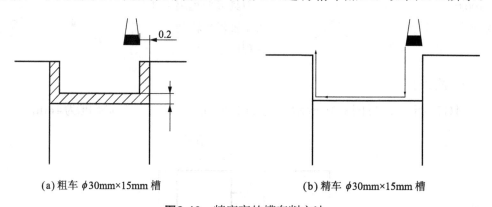

(a) 粗车 φ30mm×15mm 槽   (b) 精车 φ30mm×15mm 槽

图3.40　精度高的槽车削方法

3.8　端面（轴向）车槽循环指令（G74）

3.8.1　指令详解

编程格式如下：

G74 R（e）；

G74 X（U）__ Z（W）__ P（Δi）Q（Δk）R（Δd）F（f）；

式中，e——每次Z方向切削Q值后的退刀量；

　　　X、Z——绝对值终点坐标尺寸；

　　　Δi——刀具完成一次轴向切削后，X方向的偏移量，半径值，无正负
　　　　　　　号，单位为μm；

　　　Δk——Z方向的每次切深量，无正负号，单位为μm；

　　　Δd——刀具在切削底部的退刀量，Δd的符号一定是正，单位为μm，
　　　　　　　最好取0；

　　　f——进给量，单位为mm/r或mm/min。

G74复合循环轨迹如图3.41所示。

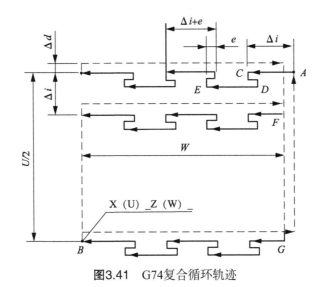

图3.41　G74复合循环轨迹

本循环可处理断屑，如果省略X(U)及P，结果只在Z轴操作，用于钻孔。

3.8.2　应用范例

1. 范例1

用G74指令加工如图3.42所示的端面孔。

参考程序如下所示。

程　序	注　释
O0315；	（程序名）
T0303；	（调3号刀具）
M03 S600；	（主轴转速为600r/min）

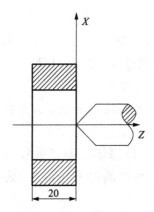

图3.42　G74加工实例1

G00 X0 Z1 ；	（快速移动到（0，1）坐标位置）
G74 R1 ；	（每加工完一刀，刀具在 Z 方向的退刀量是 1mm）
G74 Z-25 Q7000 F0.2 ；	（Z 方向每次切削移动量是 7mm）
G00 Z100 ；	（刀具快速移动到（0，100）坐标位置）
M30 ；	（程序结束并返回）

2．范例 2

用G74指令切如图3.43所示端面槽。

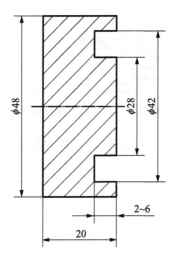

图3.43　G74加工实例2

1）工艺分析

现要加工如图3.43所示的零件的端面槽。端面槽宽7mm，槽深6mm。此槽的特点是槽较宽，但不是深槽。从加工工艺上考虑，不能一次切削，径向进刀只能是采用分级进刀，同样轴向进给也要分刀进给。

现采用手工编程的方式在数控车床上加工该槽，在编程前先设置好加工路线和刀具。

加工路线分两种：①从槽的内边到槽的外边切削；②从槽外边到槽内边的切削。

刀具选用4mm的切槽刀。

根据该系统的特点，可选用的G代码有两种：单一指令G01和循环指令G74。但因为G01的编程较为复杂，容易出错，因此选择循环指令G74最为合适。

2）加工程序

编制的程序如下。

（1）第一种加工路线。

T0202；　　　　　　　　（4mm切刀，左刀尖是对刀点，从外到内加工）

M03 S560；

G00 X42 Z3；

G74 R1；　　　　　　　（每加工完一刀，刀具在Z方向的退刀量是1mm）

G74 X34 Z-6 P3000 Q2000 F20；　　（X方向每次吃刀深度是3mm，Z方向每次切削移动量是2mm）

G00 X100 Z100；

（2）第二种加工路线。

T0202；　　　　　　　　（4mm切刀，右刀尖是对刀点，从内到外加工）

M03 S560；

G0 X28 Z3；

G74 R1；

G74 X36 Z-6 P3000 Q2000 F20；

G00 X100 Z100；

3.9　螺纹切削复合循环指令（G76）

3.9.1　指令详解

前面已介绍G32、G92两车削螺纹指令。G32指令需要4个程序段才能完成一次螺纹车削循环；G92指令只需一个程序段即可完成一次螺纹车削循环，程序的长度比G32短，但仍需多次进刀方可完成螺纹车削；若使用G76

指令，则一个指令即可自动完成多次螺纹车削循环。

1. 编程格式

G76螺纹切削指令的格式需要同时用两条指令来定义，其编程格式为：

G76 P（m）（r）（a）Q（Δd_{min}）R（d）；

G76 X（U）__Z（W）__R（i）P（k）Q（Δd）F（L）；

式中，m——精加工重复次数01～99，该参数为模态量；

r——螺纹尾端倒角量，该值的大小可设置在0.0～9.9L，系数应为0.1的整数倍，用00～99之间的两位整数来表示，其中L为螺距。该参数为模态量。

a——刀尖角度（螺纹牙型角），可选择80°、60°、55°、30°、29°、0°，用两位整数来表示，该参数为模态量。

m、r、a——用地址P同时指定，如P021260，表示精车重复2次数、螺纹尾端倒角值是螺距的1.2倍，螺纹刀角度为60°。

Δd_{min}——最小车削深度，用不带小数点的半径值表示，单位为μm；车削过程中每次的车削深度为$\left(\Delta d \sqrt{n} - \Delta d \sqrt{(n-1)}\right)$，当计算深度小于该极限值时，车削深度锁定在该值上。是模态量；

d ——精加工余量，用半径值（mm）编程，该参数为模态量；

X（U），Z（W）——螺纹切削终点处的坐标或增量坐标值；

i——螺纹半径差，方向与G92的R相同，如果i=0，则进行直螺纹切削；

k——螺牙高度，用半径值编程，单位为μm；

Δd——第一刀的切削深度，该值用不带小数点半径值表示，单位为μm；

L——导程，如果是单线螺纹，则该值为螺距。

上述指令中，Q、R（i）、P（k）地址后的数值应以无小数点形式表示。

2. 指令功能

G76指令为螺纹切削复合循环指令，程序简洁，可节省程序计算和编制时间。数控加工程序中只需指定一次，只要在指令中定义好有关参数，就能自动进行螺纹加工，车削过程中，除第一次车削深度外，其余各次车削深度自动计算。

复合螺纹切削时刀具加工路线如图3.44所示。用G76指令切削加工螺纹时，根据螺纹总的切削深度（牙高），每次切深由数控系统按递减的方式自动计算来分配。

G76螺纹切削循环采用斜进式，如图3.45所示。由于单侧刀刃切削工件，刀刃容易损伤和磨损，使加工的螺纹面不直，刀尖角发生变化，从而影

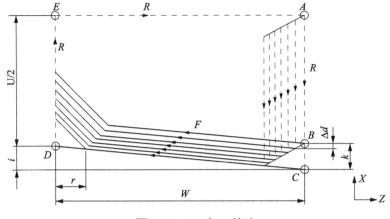

图3.44 G76加工轨迹

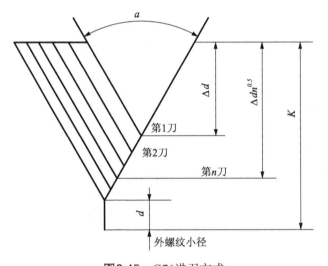

图3.45 G76进刀方式

响牙形的精度。刀具负载较小，排屑容易，因此，此加工方法一般适用于大螺距低精度螺纹的加工，在螺纹精度要求不高的情况下，此加工方法更加简捷方便。而G32、G92螺纹切削循环采用直进式进刀方式，一般多用于小螺距高精度螺纹的加工。

3.9.2 应用范例

用G76指令加工螺纹程序，如图3.46所示的零件上一段直螺纹，螺纹高度为3.68mm，螺距为6mm，螺纹尾端倒角为1.0P，刀尖角为60°，第一次车削深度为1.8mm，最小切削深度为0.1mm。

参考加工程序如下所示。

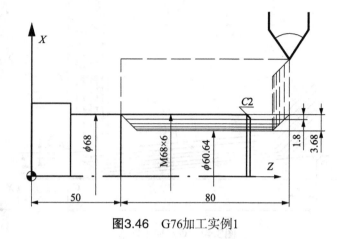

图3.46 G76加工实例1

程 序	注 释
O0316 ;	（程序名）
G97 S500 T0202 M08 M03 ;	（主轴正转，转速为 500r/min，调用 2 号刀及 2 号刀具补偿）
G00 X80.0 Z130.0 ;	（快速走到螺纹循环起点）
G76 P011060 Q100 R0.1 ;	（螺纹切削循环）
G76 X60.64 Z50.0 P3680 Q1800 F6.0 ;	
G00 X200.0 Z200.0 M09 ;	（刀具远离工件）
M05 ;	（主轴停止转动）
M30 ;	（程序结束并返回）

第 4 章

子程序

4.1 为什么要调用子程序

机床的加工程序有主程序和子程序两种。所谓主程序是一个完整的零件加工程序，或是零件加工程序的主体部分。它和被加工零件或加工要求相对应。编程时，不同的零件或不同的加工要求，都有唯一的主程序。

在编制程序时，有时会遇到一个工件上有多处相同的加工内容（即一个零件中有几处形状相同，或刀具运动轨迹相同），这时为了简化程序的编制，可把相同的加工内容单独编成一组程序段加以命名，这组程序段就称为子程序。子程序存储在CNC系统，不可以作为独立的加工程序使用，但可以被主程序反复调用，完成加工中的局部动作。子程序执行结束后，能自动返回主程序中。

4.2 子程序调用格式

4.2.1 子程序的格式

在大多数数控系统中，子程序与主程序并无本质区别。子程序和主程序在程序名及程序内容的编写方面基本相同，但结束标记不一样。主程序用M30或M02表示程序结束，而子程序则用M99表示程序结束，并实现自动返回到主程序功能。子程序的格式如下：

O1001

G00 W-14.0;

G01 X20.0;

…

　　M99；

4.2.2　子程序的调用

在FANUC 0i系统中，调用子程序的编制格式如下。

1．子程序调用格式一

子程序调用格式一如下所示：

　　M98　P××××　L××××；

其中，P后面四位数字为子程序名，地上L后面的数字表示调用的次数，当L省略时为调用一次。例如：

　　M98　P1001　L3　　　（表示调用1001号子程序3次）

　　M98　P1001　　　　　（表示调用1001号子程序1次）

2．子程序调用格式二

子程序调用格式二如下所示：

　　M98　P△△△△××××；

其中，P后面8位数字用来表示子程序调用情况。其中前4位为调用次数，后4位为所调用的程序号。当前4位省略时，表示子程序调用一次。例如：

M98　　P31001　　　（表示调用1001号子程序3次）

M98　　P1001　　　　（表示调用1001号子程序1次）

3．子程序的执行

子程序和主程序的执行过程如图4.1所示。

4．子程序调用的特殊用法

1）子程序返回到主程序的某一程序段

如果在子程序的返回程序段中加上Pn，则子程序在返回主程序时将返回到主程序中顺序号为n的程序段。其程序段格式如下：

　　M99　Pn；

例如：M99　P200；表示返回到主程序的N200段。

2）自动返回到程序头

如果在主程序中执行M99指令，则程序将返回到主程序的开头并将继续执行程序。也可以在主程序中插入M99 Pn，用于返回到指定的程序段。为了能够执行后面的程序，通常在该指令前加"/"，以便在不需要返回执行时，跳过该程序段。

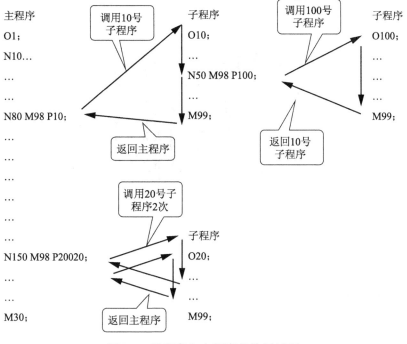

图4.1 子程序和主程序的执行过程

3）强制改变子程序重复执行的次数

用M99 L××指令可强制改变子程序重复执行的次数，其中L××表示子程序调用的次数。例如，如果主程序使用M98 P101001，而子程序采用M99 L3返回，则重复执行1001子程序3次。

4.3 应用范例

如图4.2所示，该零件材料为45钢，毛坯尺寸为φ40mm×90mm。

1. 图样分析

由图4.2可知，该零件为带沟槽的轴类零件，其中外圆尺寸为φ38mm，精度为IT8，表面粗糙度为Ra3.2；零件上共有5个槽，尺寸为φ30mm×4mm，间隔5mm，槽口要求有C1倒角，精度要求不高。零件的毛坯材料为45钢，尺寸为φ40mm×90mm。

2. 夹具选择

该零件带外沟槽的轴类零件，可以选用数控车床通用夹具——三爪自定心卡盘进行装夹。

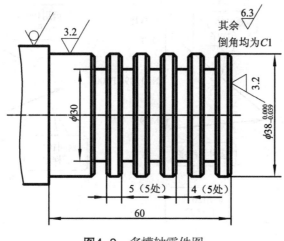

图4.2   多槽轴零件图

3.刀具准备

该零件的外圆及端面用93°外圆车刀进行加工,槽选用4mm宽的切槽刀进行加工。

4.量具准备

0~150mm钢直尺一根,用于测量工件的长度。

0~150mm游标卡尺一把,用于测量槽的尺寸。

25~50mm外径千分尺一把,用于测量外圆。

5.编制加工工艺

(1)车右端面。

(2)外圆粗车。

(3)外圆精车。

(4)加工5处ϕ30mm×4mm槽。

由于槽精度要求不高,故可用槽刀直进法一次车削成型,两侧C1倒角可用槽刀左右两个刀尖直接车削完成。经分析,完成一个槽的加工需要经过刀切槽、右侧倒角、左侧倒角三个阶段。

切槽阶段包括三个动作,如图4.3所示。刀具从上一个槽结束点A'进入A点、由A点车槽到B点、从B点退刀回A点,如图4.3(a)所示;右侧倒角阶段包括三个动作:从A点进刀到C点、从C点车右侧倒角至D点、从D点退刀回A点,如图4.3(b)所示;左侧倒角阶段包括三个动作:从A点进刀至E点、从E点车左侧倒角至D点、从D点退刀回A点,如图4.3(c)所示。

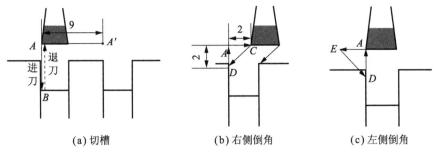

图4.3 切槽阶段示意图

6．坐标计算

根据工艺安排，刀具车槽的起点*A*可设定在 ϕ40mm处，由图4.3可知：槽的起点*A*相对上一个槽的结束点*A'*的增量坐标为W-9，*C*相对*A*的增量坐标为W2，*D*相对*C*的增量坐标为（U-4，W-2），*E*相对*A*的增量坐标为W-2，*D*相对*E*的增量坐标为（U-4，W2）。

7．编制加工程序

根据工艺分析与坐标计算的结果，编制的程序如下。

程　序	注　释
O0041；	
N10　G21 G40 G97 G99；	（程序初始化）
N20　M03 S800 T0101；	（主轴正转，转速 800r/min，选择外圆车刀）
N30　G00 X42.0 Z2.0；	（快速进刀至循环初始点）
N40　G90 X38.5 Z-60.0 F0.2；	（外圆粗车）
N50　G00 S1200；	（取消 G90 固定循环，并设定精车转速为 1200r/min）
N60　G00 X32.0 Z2.0；	（快速进刀）
N70　G01 X38.0 Z-1.0 F0.1；	（倒角）
N80　Z-60.0；	（车 ϕ38mm 至 60mm 的长度）
N90　X42.0；	（X 向退刀）
N100　G00 X150.0 Z2.0；	（刀具回换刀点）
N110　S400 T0202；	（转速换回 400 r/min，选择切槽刀）
N120　G00 X40.0 Z0.0；	（进刀到子程序循环的起点）
N130　M98 P50612；	（调用 5 次子程序 O6012，完成 5 处槽的加工）
N140　G00 X150.0 Z2.0；	（快速退刀）
N150　M05；	（主轴停止）
N160　M30；	（程序结束）

```
O0612 ;
N10 G00 W-9.0 ;                 （Z 向快速进刀至车槽起点 A）
N20 G01 X30.0 F0.05 ;           （车槽至 B 点）
N30 G00 X40.0 ;                 （退刀回 A 点）
N40 W2.0 ;                      （进刀至 C 点）
N50 G01 U-4.0 W-2.0 ;           （右侧倒角至 D 点）
N60 U4.0 ;                      （退刀回 A 点）
N70 W-2.0 ;                     （进刀至 E 点）
N80 U-4.0 W2.0 ;                （左侧倒角至 D 点）
N90 U4.0 ;                      （退刀回 A 点）
N100 M99 ;                      （子程序结束并返回主程序）
```

第 **5** 章

宏程序

5.1　宏程序基础

在数控车床编程中，宏程序编程灵活、高效、快捷。宏程序不仅可以实现类似子程序的功能，对编制相同加工操作的程序非常有用，还可以完成子程序无法实现的特殊功能，例如：系列零件（图形一样，尺寸不同；工艺路径一样，位置不同的零件）加工宏程序、椭圆加工宏程序、抛物线加工宏程序、双曲线加工宏程序等。

用户宏程序：能完成某一功能的一系列指令像子程序那样存入存储器，用一个总指令来代表它们，使用时只需给出这个总指令就能执行其功能。

所存入的这一系列指令叫做用户宏程序。

调用宏程序的指令叫做宏指令。

宏程序编程特点：编制程序时要使用变量。

5.1.1　变　量

1. 变量的表示

方式一：

　　$\#i$（变量号i=0，1，2，3，4…）

例如：#8、#110、#500都是变量正确的表达方式。

方式二：

　　#[表达式]

例如：#[#1＋#2－12]也是变量正确的表达方式。

【例5.1】在X轴方向作一个快速定位，其程序为：

　　G00 X25.0；

上面的程序，表示在X轴方向上快速定位到坐标X25点。

其中数据25.0是固定的，引入变量后可以写成：

　　　　#1=25.0

　　　　G00 X[#1]；　　　　（#1就是一个变量，只要给#1赋予不同的值，就可以
　　　　　　　　　　　　　　　改变它在X轴上的位置，使程序更加灵活）

2. 变量的引用

1）地址字后面指定变量号或公式

有以下几种表达方式：

　　　　<地址字>#i

　　　　<地址字>-#i

　　　　<地址字>[表达式]

例如：

　　　　F#10　　　　（当#10=20时，则为F20，表示进给速度为20mm/min）

　　　　G#130　　　（当#130=2时，则为G2，表示执行顺时针圆弧指令）

　　　　X- #20　　　（当#20=10时，则为X-10）

　　　　X[#24+#18*cos [#1]]

2）变量号可用变量代替

例如：#[#10]；表示当#10=3时，则为#3。

3）变量不能使用地址O、N、I

例如，下面表达方式不允许：

　　　　O#1；

4）对每个地址来说变量号所对应的变量都有具体数值范围

例如：M#30；当#30=110时，则为M110是不允许的。

5）#0为空变量，没有定义变量值的变量也是空变量

6）当在程序中定义变量时，小数点可以省略

例如，当定义#1=123；变量#1的实际值是123.000。

3. 变量的种类及功能

1）局部变量#1～#33

一个在宏程序中局部使用的变量，叫做局部变量。局部变量只能用在宏程序中存储数据，例如运算结果。当断电时，局部变量被初始化为空。调用宏程序时要给局部变量代入变量值。

例如：

　　　　A宏程序

　　　　……

```
#10=20                    B宏程序
…                         …
…
X#10=20    （不表示X20）
…
```

2）公共变量（#100～#149，#500～#531）

公共变量是指各用户宏程序内公用的变量。

例如：上例中#10改为#100时，B宏程序中的X#100就表示X20。

#100～#149变量断电后清空。

#500～#531为保持型变量（断电后不丢失）。

3）系统变量#1000及以上变量

它们是指固定用途的变量，其值取决于系统的状态。

例如：#2001值为1号刀具补偿X轴补偿值。

#5221值为X轴G54工件原点偏置值。

输入时必须输入小数点，小数点省略时单位为μm。

5.1.2 运算符与表达式

运算式的左边可以是常数、变量、函数、计算式。式中#j、#k也可为常量，式子右边为变量号、运算式。其算术和逻辑运算表如表5.1所示。

表5.1 算术和逻辑运算表

运 算	格 式	说 明
赋值	#i=#j	
加	#i=#j＋#k	
减	#i=#j－#k	
乘	#i=#j*#k	
除	#i=#j/#k	
正弦	#i=SIN[#j]	
余弦	#i=COS[#j]	角度的单位为（°），如：9°30′应表示为90.5°
正切	#i=TAN[#j]	
反正切	#i=ATAN[#j]	
平方根	#i=SQRT[#j]	
绝对值	#i=ABS[#j]	
四舍五入圆整	#i=ROUND[#j]	
或	#i=#j OR #k	
异或	#i=#j XOR #k	逻辑运算对二进制数逐位进行
与	#i=#j AND #k	

说明如下。

（1）运算的优先顺序。运算的优先顺序为①函数；②乘除、逻辑与；③加减、逻辑或、逻辑异或。例如：

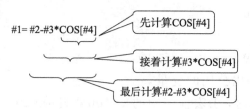

（2）可以用 [ ] 来改变顺序，最多可达5重。

5.1.3 转移与循环指令

1.无条件转移（GOTO语句）

格式：GOTO *n*；

式中，*n*——程序段号（1～9999），可用变量表示。例如：

     GOTO 1；

     GOTO #10；

2.条件转移（IF语句）

格式：IF [条件式] GOTO *n*；

说明：IF后面是条件式。如果条件成立，程序转移到段号为*n*的程序段，否则，按程序顺序执行下一个程序段。程序段号*n*可以由变量或表达式替代。例：如果变量#1的值大于10，转移到程序段号N2的程序段。其流程控制如图5.1所示。

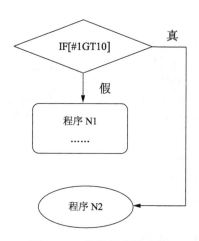

图5.1 IF条件转移流程图

条件式的表示含义如表5.2所示。

表5.2 条件式的表示含义

条件式	表示含义	条件式	表示含义	条件式	表示含义
#j EQ #k	#j 是否 = #k	#j GT #k	#j 是否 > #k	#j GE #k	#j 是否 ≥ #k
#j NE #k	#j 是否 ≠ #k	#j LT #k	#j 是否 < #k	#j LE #k	#j 是否 ≤ #k

【例5.2】求1~10的所有自然数的和，并使刀具按运算结果加工出相应的轨迹。

编程思路：需要赋予两个变量（运算结果、加数），当加数由1~10，且加数大于10时，停止运算。同时每运算一步，要将运算结果和加数分别作为刀具走刀的X、Z值走刀。程序如下：

程　　序	注　　释
O5001 ；	（宏程序名）
N10 T0101 ；	（选择刀具）
N20 #1=0 ；	（赋予变量 #1，结果的初值）
N30 #2=1 ；	（赋予变量 #2，加数的初值）
N40 IF [#2 GT 10] GOTO 90 ；	（若加数大于 10，则转移到程序段号为 90 的程序，即 N90）
N50 #1=#1+#2 ；	（求和，计算结果）
N60 #2=#2+1 ；	（下一个加数）
N70 G01 X#1 Z#2 F100 ；	（刀具运动，到达运算所得的坐标点）
N80 GOTO 40 ；	（转移到程序段号为 40 的程序，即 N40）
N90 M30 ；	（程序结束）

3. 循环（WHILE语句）

格式如下：

WHILE [条件式] DO m；（m=1、2、3）

...

END m；

说明：

（1）当条件成立时，执行WHILE之后的DOm到ENDm间的程序，程序段DOm至ENDm即重复执行；当条件不成立时，执行ENDm语句的下一个程序段。

（2）如果WHILE[条件式]部分被省略，则程序段DOm至ENDm的语句将一直重复执行。

（3）*m*——循环执行范围的识别号，只能是1、2和3，否则系统报警。

（4）DO*m*与END *m*的循环识别号（1～3）可使用任意次，但不能执行交叉循环。例如：

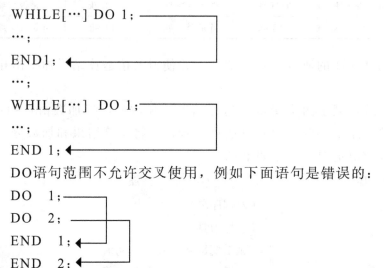

DO语句范围不允许交叉使用，例如下面语句是错误的：

DO　1；
DO　2；
END　1；
END　2；

（5）循环嵌套：（最多为3重）DO～END循环能够按需要使用多次，即循环嵌套。

WHILE[条件式1] DO1；
　…
　WHILE[条件式2] DO2；
　　…
　　WHILE[条件式3]DO3；
　　　…
　　END3；
　　…
　END2；
　　…
END1；

【例5.3】使用WHILE语句，求1到10之和。

编程思路：同例5.2。参考程序如下所示。

程　序	注　释
O5002 ；	（宏程序名）
#1=0 ；	（变量赋值）
#2=1 ；	（变量赋值）
WHILE [#2 LE 10] DO 1 ；	（当加数 ≤ 10 时，求和，并将加数加1）
#1 =#1+#2 ；	
#2=#2+1 ；	
END 1 ；	
M30 ；	（程序结束）

5.2　主要应用

常见曲线的数学表达式如表5.3所示。

表5.3　常见曲线的数学表达式

	椭　圆	双曲线	抛物线	正弦曲线
标准方程	$\dfrac{x^2}{a^2}+\dfrac{r^2}{b^2}=1$	$\dfrac{x^2}{a^2}-\dfrac{r^2}{b^2}=1$	$y^2=2px$	$y=A\sin x$
坐标计算	$y=\pm b\sqrt{1-x^2/a^2}$ 或用三角函数换元表达： $x=a\cos\alpha\ \ y=b\sin\alpha$	$y=\pm b\sqrt{x^2/a^2-1}$	$y=\pm\sqrt{2px}$	$y=A\sin x$
曲线图形	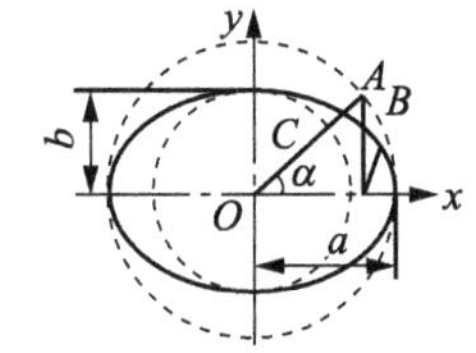	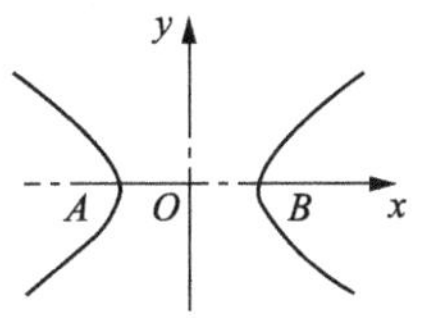	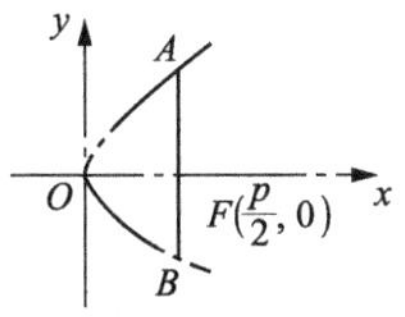	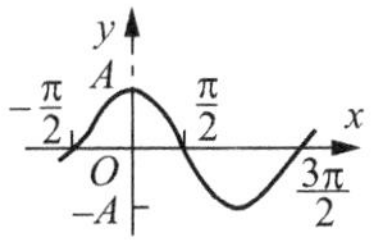

5.2.1　椭圆加工

椭圆宏程序的编制步骤如下：

（1）首先要有标准方程（或参数方程），一般图中会给出。

（2）对标准方程进行转化，标准方程中的坐标是数学坐标，要将数学坐标转化成工件坐标，要应用到数控车床上，必须要转化到工件坐标系中。

（3）求值公式推导，利用转化后的公式推导出坐标计算公式。

（4）求值公式选择，根据实际选择计算公式。

（5）编程，公式选择好后就可以开始编程了。

【例5.4】数控车削如图5.2所示的椭圆轴零件，应用宏程序对椭圆线轮廓进行精加工。

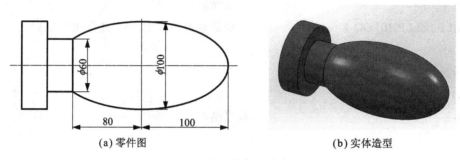

(a) 零件图　　　　　　　　　　　　(b) 实体造型

图5.2　宏程序加工实例1

1. 建立工件坐标系

从图5.2（a）可以看出，将工件坐标系建立在工件的右端面可以简化坐标值的计算，如图5.3所示。

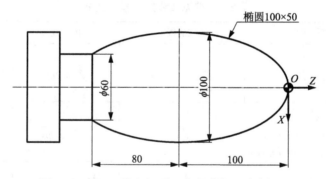

椭圆100×50

图5.3　建立工件坐标系（宏程序加工实例1）

2. 变量定义

工件坐标原点与椭圆中心Z轴不重合，这时需要将椭圆Z轴负向移动长半轴的距离，使起点为O，将标准椭圆的方程式：

$$\frac{Z^2}{a^2} + \frac{X^2}{b^2} = 1$$

转变为

$$\frac{(Z - Z_1)^2}{a^2} + \frac{x^2}{b^2} = 1$$

式中，Z_1——编程原点与椭圆中心的Z向偏距，此例中为100。

可推导出计算公式为：

$$X = \pm b \sqrt{1 - \frac{(Z - Z_1)^2}{a^2}}$$

做如下设置：

#1为Z向起点值，变量值#1=0。

#2为椭圆长半轴a，变量值#1=100。

#3为椭圆短半轴b，变量值#2=50。

#5为Z向偏距，变量值#5=-100。

#4为椭圆加工中到达某一点的X轴坐标值(直径量)。

#1也表示椭圆加工从起点O，到某一点的Z轴坐标值。

若以Z为自变量时，加工到达某一点的X坐标值，转换公式计算#4值：

$$X = \pm b \sqrt{1 - \frac{(Z - Z_1)^2}{a^2}} \qquad \text{(半径量)}$$

即

#4＝#3*SQRT［1— ［#1—#5］＊［#1—#5］／［#2*#2］］ （半径量）

3. 程序编制

下面是参考加工程序。

程　序	注　释
O5003 ;	（程序名）
#1=0 ;	（用 #1 指定 Z 向起点值）
#2=-100 ;	（用 #2 指定长半轴）
#3=50 ;	（用 #3 指定短半轴）
#5=-100 ;	（Z 向偏距）
G99 G54 T0101 M03 S800 ;	（设置 G54 工件坐标系，G99 进给方式，选用 1 号刀 1 号刀具补偿、主轴正转 800r/min）
G00 X150 Z150 ;	（快进至起刀点）
X0 Z2 ;	（快进至靠近椭圆加工起点位置）
WHILE[[[#1-#5]GE-80]DO1 ;	（当 Z 值相对于椭圆中心值大于等于 -80 时，执行 DO1 到 END1 之间的程序）
N01 #4=#3SQRT[1-[#1-#5]* [#1-#5]/[#2*#2]] ;	
	（计算 X 值）
G01 X[#4*2] Z[#1-#5]F0.15 ;	（直线插补，这里 #4*2 是因为公式里面的 X 值是半径值）
#1=#1-0.1 ;	（步距 0.1，即 Z 值递减量为 0.1，此值过大影响形状精度，过小加重系统运算负担，在满足形状精度的前提下尽可能取大值）

程　序	注　释
END1 ；	（语句结束，这里的 END1 与上面的 DO1 对应）
G01 Z-110 ；	（加工圆柱面）
X102 ；	（退刀）
G00 X150 Z150 ；	
M05 ；	
M30 ；	

加工椭圆的注意事项：

（1）车削后工件的精度与编程时所选择的步距有关。步距值越小，加工精度越高；但是减小步距会造成数控系统工作量加大，运算繁忙，影响进给速度的提高，从而降低加工效率。因此，必须根据加工要求合理选择步距，一般在满足加工要求的前提下，尽可能选取较大的步距。

（2）对于椭圆轴中心与编程原点不重合的情况，需要将工件坐标系进行编制后再编程进行加工。

（3）对于椭圆的编程方法，除了直角坐标编程计算外，还有极坐标编程计算等。

5.2.2　抛物线加工

1．抛物线的定义

抛物线的定义是：动点 P 到一定点 F（焦点）和一定直线 L（准线 PQ）的距离相等时，动点 P 的轨迹。在图5.4中，$|PF|=|PQ|$。

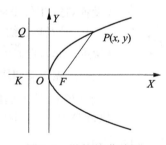

图5.4　抛物线曲线图

2．抛物线的特征

我们把平面内与一个定点 F 和一条定直线 L（L 不经过 F 点）距离相等的点的轨迹叫做抛物线。点 F 叫做抛物线的焦点。直线 L 叫做抛物线的准线。

3．抛物线的方程

（1）直角坐标方程为

$$y^2 = 2px \quad (p>0)$$

（2）在极坐标方程中，设ρ＝极径，θ＝方向角，则转换公式为

$$\rho*\rho = x*x+y*y; \quad x = \rho\cos(\theta); \quad y = \rho\sin(\theta)$$

（3）抛物线参数方程为

$$x = 2pt^2, \quad y = 2pt$$

4．宏程序的结构流程图

宏程序的结构流程图如图5.5所示。

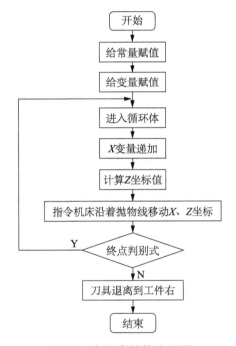

图5.5 宏程序结构流程图

5．编程注意的问题

（1）车削后工件的精度与编程时所选择的步距有关。步距值越小，加工精度越高；但是减小步距会造成数控系统工作量加大，运算繁忙，影响进给速度的提高，从而降低加工效率。因此，必须根据加工要求合理选择步距，一般在满足加工要求前提下，尽可能选取较大的步距。

（2）对于抛物线中心与Z轴不重合的零件，需要将工件坐标系偏置后进行加工。

（3）编程时要考虑曲线的凸凹情况，两者区别在于直线插补逼近曲线

程序段中的X坐标变化。

（4）抛物线内轮廓车削编程与外轮廓相似，主要考虑中心点位置、凹凸情况及起止点位置，读者可根据上述实例自行套用编制。

【例5.5】数控车削如图5.6所示的抛物线轴零件，使用宏程序对抛物线轮廓进行精加工。

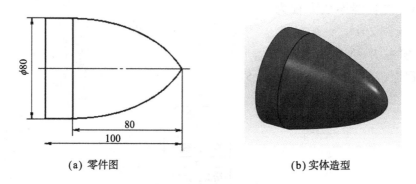

(a) 零件图　　　　　　　　　　(b) 实体造型

图5.6　宏程序加工实例2

1）建立工件坐标系

将工件坐标系建立在工件的右端面可以简化坐标值的计算。

2）抛物线宏程序编制

参考程序如下所示。

程　序	注　释
O5004 ;	（宏程序名）
N10 #6=#8 ;	（赋初始值）
N20 #10=#6+#1 ;	（加工步距，直径编程）
N30 #11=#10/#2 ;	（求半径，方程中的X）
N40 #15=#11*#11 ;	（求半径的平方，方程中的X）
N50 #20=#15/#3 ;	（求$X/20$）
N60 #25=-#20 ;	（求$-X/20$）
N70 #12=#11*#2 ;	（求$2X$，即直径）
N80 G99 G01 X#12 Z#25 F0.15 ;	（走直线进行加工）
N90 #6=#10 ;	（变换动点）
N100 IF [#25 GT #7] GOTO 20 ;	（终点判别）
N110 M99 ;	（宏程序结束）

第 6 章

数控车削编程综合应用

6.1 圆弧阶梯轴零件加工

已知毛坯材料为45钢，毛坯尺寸为φ45mm×100mm的棒料。用数控车床加工如图6.1所示的零件。

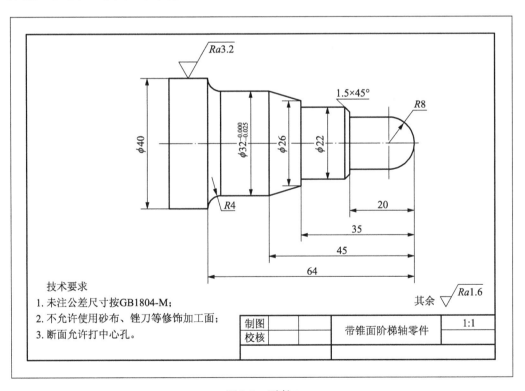

技术要求
1. 未注公差尺寸按GB1804-M；
2. 不允许使用砂布、锉刀等修饰加工面；
3. 断面允许打中心孔。

其余 $\sqrt{Ra1.6}$

制图		带锥面阶梯轴零件	1:1
校核			

图6.1　零件1

6.1.1 工艺分析

1. 零件图分析

如图6.1所示的带锥面圆弧阶梯轴零件，零件加工面主要由圆柱面、圆锥面和圆弧面组成，成形轮廓的结构形状较为复杂。给定的毛坯ϕ45mm×100mm的棒料，材料为45钢，要求分析零件的加工工艺，填写工艺文件，编写零件的加工程序，完成零件的车削加工并检测。

2. 确定装夹方案

由于工件是一根实心轴，轴的长度不是太长，故采用工件的端面和外圆做定位基准。使用三爪自定心卡盘夹紧工件。

3. 确定加工顺序及走刀路线

机床：CK6150数控车床，数控系统为FANUC 0i-TC系统。

夹具：采用液压三爪自定心卡盘。

刀具：外圆车刀、切断刀。

材料：材料为45钢，调质。

1）制定加工方案与加工路线

加工顺序按由粗到精、由远到近的原则确定。先车削加工工件的端面，车削工件轮廓，从右到左进行粗车（留0.5mm的精车余量），然后从右到左进行精车。工件成形轮廓的结构形状较复杂，粗加工时，选择不同的背吃刀量，但最终要满足外形轮廓的加工留0.5mm的精加工余量。进行数控加工时尽可能采用沿轴向切削的方式进行加工，以提高加工过程中工件与刀具的刚性。

（1）三爪自定心卡盘装夹工件，手动车端面，去除毛坯至ϕ40mm。

（2）对刀，编制程序原点O在零件右端面中心。

（3）粗车各段外圆、锥面及圆弧面。

（4）精车圆弧及各段外形轮廓面至尺寸要求。

（5）切断，至尺寸要求。

2）工件的定位与装夹及换刀点确定

工件采用三爪自定心卡盘进行定位与夹紧。工件装夹过程中，保证同轴度≤0.05。加工起点和换刀点可以设在同一点，放在Z轴距工件前端面200mm，X轴距轴心线100mm的位置。

3）确定各刀具的选择

本书中的加工过程全部选用株洲钻石系列刀具，根据零件加工要求，需要选用外圆车刀（加工外轮廓、端面、倒角），外切槽刀（切断工件），刀片材料均采用硬质合金。零件1的刀具卡如表6.1所示。

表6.1 零件1的刀具卡

序 号	刀具号	刀具名称及规格	刀尖半径/mm	刀杆型号	刀片型号
1	T0101	粗右偏外圆车刀	0.4	SDJCR/L3225P11	DCMT11T304-HR
2	T0202	精右偏外圆车刀	0.2	SVJBR/L3225P16	VBMT110202-HF
3	T0303	切断刀	0.4（刀具宽度 B=5mm）	QEHD3232R/L13	ZTHD0504-MG

6.1.2 程序编制

1. 建立工件坐标系

将工件坐标系建立在工件的右端面可以简化坐标值的计算，如图6.2所示。

2. 刀具运行轨迹确定

确定刀具运行轨迹：程序起点设定在X=100，Z=10的位置。

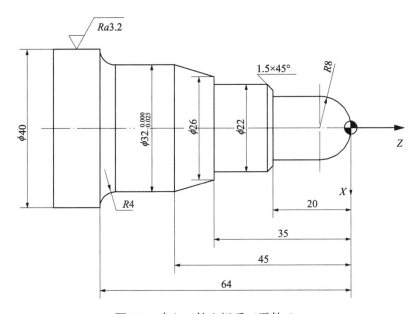

图6.2 建立工件坐标系（零件1）

粗加工时：

（1）粗车凹圆弧时，为了保证圆弧精度，遵循吃刀量的选择原则，同心圆弧形式（同心不等径）走刀。其各点坐标值如图6.3所示。

（2）粗加工凸圆弧时，用车锥法切削，各点坐标要做简单的计算，加工路线不能超过 $B'F'$ 两点的连线，如图6.4所示。各点坐标见表6.2。

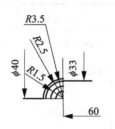 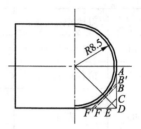

图6.3 凹圆弧加工路线　　　　图6.4 车锥法加工点坐标

表6.2 车锥法各点坐标
（单位：mm）

坐标值 \ 点	A	B	C	D	E	F
X	0	8	13	17	17	17
Z	0.5	0.5	0.5	0.5	-2	-4.5

精加工时，刀具的走刀路线如图6.5所示。

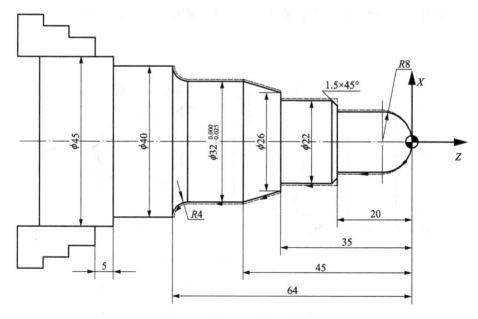

图6.5 精加工刀具运行轨迹

3. 加工工艺的制定

通过以上分析，该零件的加工工序卡见表6.3。

表6.3 零件1的工序卡

数控加工工序卡片		零件名称	圆弧阶梯轴零件	程序号		O0061	
		材料	45钢	使用设备		CK6150	
操作序号	工步内容	刀具	主轴转速S/ (r·min^{-1})	进给速度V_f/ (mm·r^{-1})	背吃刀量 /mm	备注	
1	车端面（手动）	T0101	500				
2	粗车加工零件外形轮廓	T0101	600	0.3	2		
3	精车加工零件外形轮廓	T0202	800	0.1	0.5		
4	切断保证总长	T0303	400	0.05			

4. 程序编制

零件1的主要加工程序如表6.4所示。

表6.4 零件1的主要加工程序

序 号	程 序	程序说明
	O0061	主程序名
N10	G54 G99 M03 S600 T0101	设定工件坐标系，主轴正转600r/min，选择1号刀，G99设定每转进给量
N20	G00 X100.0 Z10.0 M08	快速进刀，打开冷却液
N30	G00 X33.0 Z2.0	接近工件
N40	G01 X33.0 Z-60.0 F0.25	粗车ϕ32mm的外圆
N50	G42 G01 X37.0	加刀具补偿，粗车R4的凹圆弧 见图6.6（a）
N60	G02 X40.0 Z-61.5 R1.5 F0.2	
N70	G00 Z-60.0 X35.0	
N80	G02 X40.0 Z-62.5 R2.5 F0.2	
N90	G00 Z-60.0 X33.0	
N100	G02 X40.0 Z-63.5 R3.5 F0.2	
N110	G00 X41.0 Z2.0	快速退刀

续表6.4

序　号	程　序	程序说明	
N120	X27.0	准备粗车φ26mm的外圆	
N130	G01 Z-35.0 F0.25	粗车φ26mm的外圆	
N140	G01 X33.0 Z-45.0	粗车圆锥面	
N150	G40 G00 X34.0 Z2.0	快速退刀，取消刀具补偿	见图6.6（b）
N160	X23.0	准备粗车φ22mm的外圆	
N170	G01 Z-35.0 F0.25	粗车φ22mm的外圆	
N180	G00 X24.0 Z2.0	快速退刀	
N190	X17.0	准备粗车φ16mm的外圆	
N200	G01 Z-20.0 F0.25	粗车φ16mm的外圆	
N210	G00 X18.0 Z2.0	快速退刀	
N220	X13.0	准备车削凸圆弧	
N230	G01 Z0.5 F0.2	进刀至C点	
N240	X17.0 Z-2.0	粗车圆弧至E点	
N250	G00 Z2.0	退刀	
N260	X8.0	快进	
N270	G01 Z0.5 F0.2	进刀至B点	
N280	X17.0 Z-4.5	粗车圆弧至H点	见图6.6（c）
N290	G00 Z2.0	退刀	
N300	X0	快进	
N310	G01 Z0.5 F0.2	进刀至A点	
N320	G03 X17.0 Z-8.0 R8.5 F0.2	粗车圆弧	
N330	G00 X18.0 Z2.0	退刀	
N340	S800 T0202	换刀，快速定位，调整主轴转速到800r/min	
N350	G01 X0 Z0 F0.1	进刀至O点，设进给量为0.1mm/r	
N360	G03 X16.0 Z-8.0 R8 F0.1	精车圆弧	
N370	G01 Z-20.0 F0.1	精车φ16mm的外圆	
N380	X18.0	准备车倒角	
N390	X22.0 Z-21.5	车C1.5倒角	
N400	Z-35.0	精车φ22mm的外圆	见图6.6（d）
N410	X26.0	准备精车圆锥	
N420	X32.0 Z-45.0	精车圆锥	
N430	Z-60.0	精车φ32mm的外圆	
N440	G02 X40.0 Z-64.0 R4 F0.1	精车R4的圆弧	

续表6.4

序 号	程 序	程序说明
N450	G00 X41.0 Z2.0	快速退刀
N460	T0303 S400	换3号刀，调整主轴转速400r/min
N470	G00 X46.0	快速移动到X轴
N480	Z-83.0	快速定位到Z轴
N490	G01 X0 F0.05	切断，切削进给量0.05mm/r
N500	G00 X100.0	快速退刀到X100
N510	Z10.0	快速退刀到Z10
N520	M30	程序结束

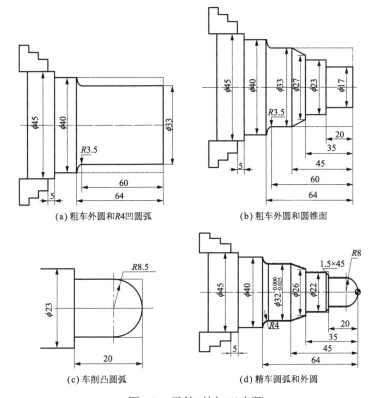

图6.6　零件1的加工步骤

6.2　复杂台阶轴加工（带螺纹曲面轴类零件加工）

已知毛坯材料为45钢，毛坯尺寸为ϕ45mm×126mm的棒料。使用数控车床加工如图6.7所示的零件。

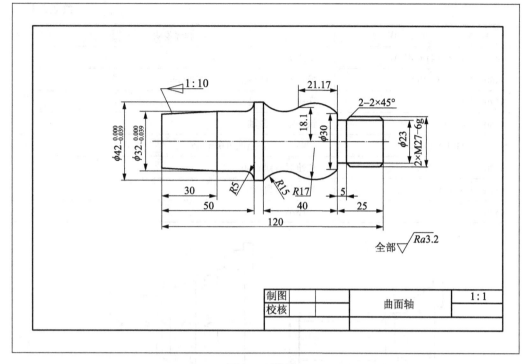

图6.7 零件2

6.2.1 工艺分析

1. 零件图分析

如图6.7所示的带螺纹曲面轴零件,零件加工面主要由圆锥面、圆柱面、球面和螺纹组成。零件车削加工成形轮廓的结构形状并不复杂,但零件的轨迹精度要求高。零件重要的加工部位为内外曲面,其轴向尺寸应该以ϕ42mm圆柱段的右端面为定位基准。零件的其他加工部位相对容易加工。该零件加工精度等级为IT8。表面粗糙度要求为全部Ra3.2μm。给定的毛坯ϕ45mm×126mm的棒料,材料为45钢,要求分析零件的加工工艺,填写工艺文件,编写零件的加工程序,完成零件的车削加工并检测。

2. 确定装夹方案

在数控加工中,该零件可以利用零件左、右端的外圆柱段与B型中心孔,采用三爪自定心卡盘一夹一顶的装夹定位方式进行装夹定位,零件轴向的定位基准均选择在ϕ42mm外圆柱段的右端面。

3. 确定加工顺序及走刀路线

机床: CK6150数控车床,数控系统为FANUC 0i-TC系统。

　　夹具：采用液压三爪自定心卡盘。

　　刀具：外圆车刀、切槽车刀、螺纹车刀。

　　材料：材料为45钢，调质。

　　1）制定加工方案与加工路线

　　加工顺序按由粗到精、由远到近的原则确定。先车削加工工件的端面，车削工件左端轮廓，从右到左进行粗车（留0.5mm的精车余量），调头，车削工件端面，车削工件右端轮廓，然后从右到左进行粗车（留0.5mm的精车余量）。工件成形轮廓的结构形状较复杂，粗加工时，选择不同的背吃刀量，但最终要满足外形轮廓的加工留0.5mm的精加工余量。

　　（1）手动车端面，并在零件左端、右端钻B型中心孔B2.5。

　　（2）使用三爪自定心卡盘装夹零件，采用夹一端顶一端进行装夹定位，数控粗、精车加工零件左端圆柱面及圆锥面，粗车时，零件单边留加工余量0.5mm。

　　（3）零件调头后使用三爪自定心卡盘装夹零件（紫铜皮包紧工件），车端面，保证总长，采用夹一端顶一端进行装夹定位，数控粗、精车加工零件右端成形面、圆柱面（螺纹部位只加工外圆），粗车时，零件单边留加工余量0.5mm。

　　（4）切槽。

　　（5）车零件右端螺纹。

　　2）工件的定位与装夹及换刀点确定

　　在数控加工中，该零件可以利用零件左、右端的外圆柱段与B型中心孔，采用三爪自定心卡盘一夹一顶的装夹定位方式进行装夹定位，零件轴向的定位基准均选择在ϕ42mm外圆柱段的右端面。工件装夹过程中，保证同轴度≤0.05mm。加工起点和换刀点可以设在同一点，放在Z轴距工件前端面100mm，X轴距轴心线50mm的位置。

　　3）确定各刀具的选择

　　本书中的加工过程全部选用株洲钻石系列刀具，根据零件加工要求，需要选用外圆车刀（加工外轮廓、端面、倒角），外切槽刀（切断工件），刀片材料均采用硬质合金。零件2的刀具卡见表6.5。

6.2.2　程序编制

　　1. 建立工件坐标系

　　采用如图6.8所示的点分别为加工工件左、右（以长5mm，ϕ42mm的圆柱面的右端面为分界点）端轮廓面的工件坐标系的原点。

表6.5 零件2的刀具卡

序 号	刀具号	刀具名称及规格	刀尖半径/mm	刀杆型号	刀片型号
1	T0101	中心钻	B2.5	—	—
2	T0202	外圆车刀	0.2	SVJBR/L3225P16	VBMT110202-HF
3	T0303	切槽刀	0.4 (刀具宽度 B=5mm)	QEHD3232R/L13	ZTHD0504-MG
4	T0404	螺纹刀		SNR0032R16	RT16.01N-1.5GM

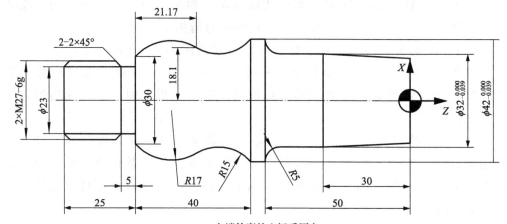

(a) 左端轮廓的坐标系原点

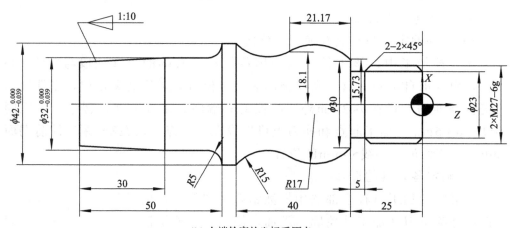

(b) 右端轮廓的坐标系原点

图6.8 工件坐标系（零件2）

2. 确定刀具运行轨迹路线

程序起点在X=100，Z=10的位置。

粗加工

（1）圆锥面小径计算。

如图6.9所示，依据锥度计算公式：$C =（D-d）/L$（C为锥度、D为圆锥台最大直径、d为圆锥台最小直径、L为圆锥台长度），将数值带入公式，得

$$1/10 =（32-d）/30$$

$$d = 29（mm）$$

（2）圆弧面计算（图6.10）。

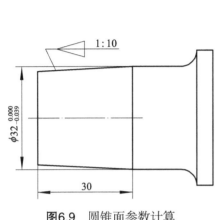

图6.9　圆锥面参数计算

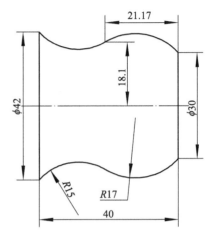

图6.10　成形面参数计算

（3）螺纹切削计算。

已知：螺纹直径为$\phi 27$mm，螺纹导程为2mm。

经查表计算：螺纹小径为$\phi 24.835$mm，螺纹中径为$\phi 25.701$mm，螺纹深度为$H=1.732$mm，螺纹大径允许切小0.2165mm（8/H=0.2165，即螺纹大径最小为$\phi 26.78$mm）。

精加工

精加工左端轮廓，如图6.11所示。与精加工右端轮廓相似。

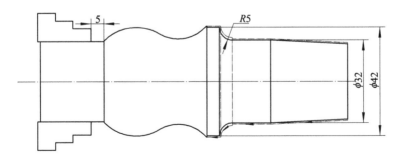

图6.11　精加工左端轮廓轨迹

3.加工工艺制定

通过以上分析，该零件的加工工序卡见表6.6。

表6.6 零件2的工序卡

数控加工工序卡片	零件名称	带螺纹曲面轴类零件	程序号	O0062	
	材料	45钢	使用设备	CK6150	

加工工序一：粗、精车工件左端外形轮廓面

程序号	工步	刀具	刀具类型	主轴转速S/$(r \cdot min^{-1})$	进给速度v_f/$(mm \cdot r^{-1})$	背吃刀量/mm
O0062	车端面	T0101	外圆车刀	600	手动	1
	粗车外圆柱面、圆锥面、圆弧面	T0101	外圆车刀	600	0.25	
	精车外圆柱面、圆锥面、圆弧面	T0101	外圆车刀	800	0.2	

加工工序二：调头，粗、精车工件右端外形轮廓面、切槽、车螺纹

程序号	工步	刀具	刀具类型	主轴转速S/$(r \cdot min^{-1})$	进给速度v_f/$(mm \cdot r^{-1})$	背吃刀量/mm
O0063	车端面（保证总长）	T0101	外圆车刀	600	手动	
	粗车外圆柱面、成形面	T0101	外圆车刀	600	0.25	
	精车外圆柱面、成形面	T0101	外圆车刀	800	0.2	
	切槽	T0202	切槽刀	350	0.1	0.5
	车螺纹	T0303	螺纹刀	500	80	

4. 程序编制

参考加工程序如表6.7所示。

表6.7 零件2的主要加工程序

序 号	程 序	程序说明	
	O0062	主程序名（粗、精车左端轮廓）	
N10	G54 G99 M03 S600 T0101	设定工件坐标系，主轴正转600r/min，选择1号刀，G99设定每转进给量	
N20	G00 X100.0 Z10.0 M08	快速进刀，打开冷却液	
N30	G00 X43.0 Z2.0	接近工件	
N40	G01 X43.0 Z-55.0 F0.25	粗车ϕ42mm的外圆	
N50	G00 X46.0 Z2.0		
N60	X38.0		
N70	G01 Z-45.0 F0.25	粗车ϕ33mm的外圆	见图6.12（a）
N80	G00 X40.0 Z2.0		
N90	X33.0		
N100	G01 Z-45.0 F0.25		

序 号	程 序	程序说明	
N110	G00 X35.0 Z2.0	快速退刀	
N120	G01 X30.0 Z0 F0.25	粗车圆锥面	
N130	G01 X33.0 Z-30.0 F0.25		
N140	Z-45.0	粗车ϕ33mm的外圆	
N150	X38.0	退刀	
N160	G02 X43.0 Z-47.5 R2.5 F0.2		见图6.12（b）
N170	G01 Z-45.0		
N171	X34.0	粗车R5的圆弧	
N180	G02 X43.0 Z-49.5 R4.5 F0.2		
N190	G00 X100.0 Z10.0		
N200	M05	主轴停转	
N210	M03 S800	提高主轴转速，准备精车左端面	
N220	X33.0 Z2.0	准备精车圆锥	
N230	G01 X29.0 Z0 F0.25	精车圆锥	
N240	X32.0 Z-30.0		见图6.12（c）
N250	Z-45.0	精车ϕ32mm的外圆	
N260	G02 X42.0 Z-50.0 R5 F0.2	精车圆弧面	
N270	G01 Z-55.0 F0.25	精车ϕ42mm的外圆	
N280	G00 X100.0 Z10.0	回到起刀点	
N290	M05	主轴停转	
N300	M30	程序结束，回程序头	
	O0063	主程序名（调头加工右端外轮廓）	
N10	G54 G95 M03 S600 T0101	主轴正转，选择1号刀，G99设定每转进给量	
N20	G00 X100.0 Z2.0 M08	接近工件	
N30	G00 X43.0 Z2.0	粗车ϕ42mm的外圆	
N40	G01 Z-65.0 F0.25		
N50	G00 X45.0 Z2		
N60	X37.0		见图6.12（d）
N70	G01 Z-25.0 F0.25	两次进给粗车ϕ30mm的外圆	
N80	G00 X45.0 Z2		
N90	X31.46		
N100	G01 Z-25.0 F0.25		

序　号	程　序	程序说明	
N110	G03 X37.36 Z-46.17 R17.5 F0.2	粗车成形面	见图6.12（e）
N120	G02 X43.0 Z-64.77 R14.5 F0.2		
N130	G00 X100 Z10	快速退刀	
N140	M05	主轴停转	
N150	M03 S800	提高转速，准备精车	
N160	X30 Z2.0	精车右端外形轮廓	见图6.12（f）
N170	G01 Z-25.0 F0.25		
N180	G03 X36.2 Z-46.17 R17 F0.2		
N190	G02 X42.0 Z-65.0 R14 F0.2		
N200	G01 Z-70.0		
N210	G00 X45.0 Z2.0	快速退刀	
N220	X27.0	准备车削ϕ27mm的圆柱面	
N230	G01 Z-25.0 F0.25	车削ϕ27mm的圆柱面	
N240	G00 X100.0 Z10.0	快速退刀	
N250	M05	主轴停转	
N260	T0202	换切槽刀，准备切槽	
N270	M03 S350	主轴正转350r/min	
N280	X30 Z-25.0	接近工件	
N290	G01 X26.0 F0.1	切ϕ26mm的槽，设进给量0.1mm/r	
N300	G04 P2000	进给暂停2s	
N310	G01 X25.0 F0.1	继续径向进给，切ϕ25mm的槽，设进给量0.1mm/r	
N320	G04 P2000	进给暂停2s	
N330	G01 X24.0 F0.1	继续径向进给，切ϕ24mm的槽，设进给量0.1mm/r	
N340	G04 P2000	进给暂停2s	
N350	G01 X23.0 F0.1	切ϕ23mm的槽	
N351	G04 P2000	进给暂停2s	
N360	G00 X100.0	退刀	
N370	Z100.0	回起刀点	
N380	M05	主轴停转	
N390	T0303	换螺纹刀，车螺纹	

序　号	程　序	程序说明	
N400	M03 S500	主轴正转500r/min	
N410	X30.0 Z2.0	螺纹加工的起点	
N450	X26.0	进第一刀	
N460	G32 Z-21.0 F2	螺纹车削第一刀，螺距为2mm	
N470	G00 X30.0	X向退刀	
N480	Z2.0	Z向退刀	
N490	X25.25	进第二刀	
N500	G32 Z-21.0 F2	螺纹车削第二刀	
N510	G00 X30.0	X向退刀	
N520	Z2.0	Z向退刀	见图6.12（g）
N530	X24.75	进第三刀	
N540	G32 Z-21.0 F2	螺纹车削第三刀	
N550	G00 X30.0	X向退刀	
N560	Z2.0	Z向退刀	
N570	X24.5	进第四刀	
N580	G32 Z-21.0 F2	螺纹车削第四刀	
N590	G00 X100.0 Z10.0	回到起刀点	
N600	M05	主轴停转	
N610	M30	程序结束	

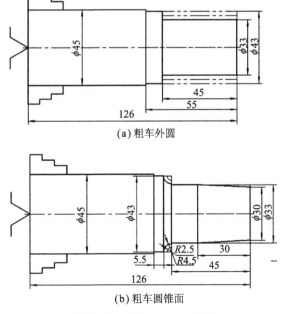

(a) 粗车外圆

(b) 粗车圆锥面

图6.12　零件的加工步骤

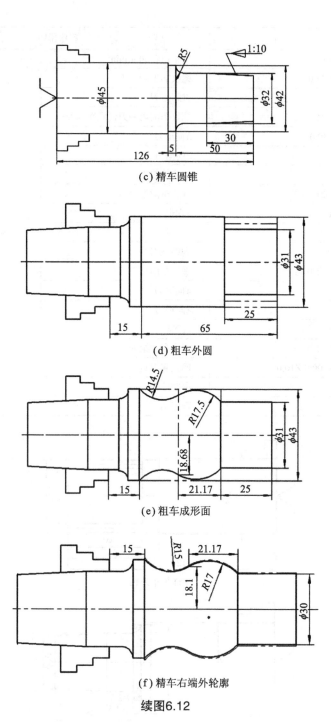

(c) 精车圆锥

(d) 粗车外圆

(e) 粗车成形面

(f) 精车右端外轮廓

续图6.12

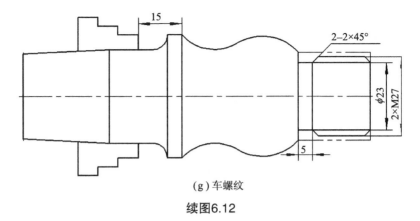

（g）车螺纹

续图6.12

6.3　螺纹圆弧轴套加工

如图6.13所示轴类零件，已知材料为45钢，毛坯为ϕ55mm×150mm的棒料。要求：制定零件的加工工艺，编写零件的数控加工程序，完成零件的车削加工。

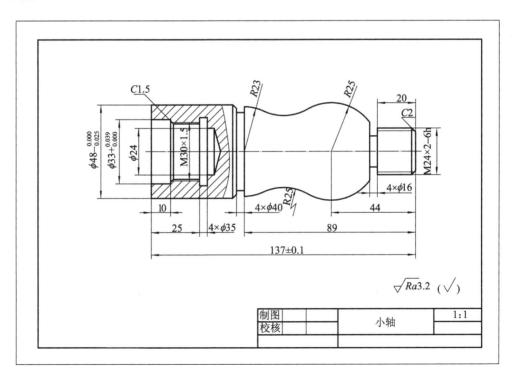

图6.13　零件3

6.3.1 工艺分析

1. 零件图样分析

零件加工面主要有内外圆柱面、圆弧面、内螺纹、内沟槽和退刀槽及外螺纹与倒角加工。

（1）尺寸精度分析：该零件加工精度等级为IT7～IT8级。对于尺寸精度要求，主要通过在加工过程中的准确对刀、正确设置刀具补偿及磨耗，以及正确制定合适的加工工艺等措施来保证。

（2）表面粗糙度分析：表面粗糙度要求为全部$Ra3.2\mu m$。对于表面粗糙度要求，主要通过选用合适的刀具及其几何参数，正确的粗、精加工路线，合理的切削用量及冷却液等措施来保证。

2. 确定装夹方案

该零件采用数控车床通用夹具——三爪自定心卡盘进行定位于装夹。工件装夹过程中，应对工件进行找正，以保证工件轴线与主轴轴线同轴。

加工左端内孔和外圆时，三爪直接夹持棒料外圆，用深度尺测量伸出长度，实现Z向的定位。

工件装夹时的夹紧力要适中，既要防止工件的变形与夹伤，又要防止工件在加工过程中产生松动。加工该工件右端时，可用铜皮或者C型套包住左端已加工表面，以防止卡爪夹伤表面。

3. 刀具准备，填写刀具卡

选用株洲钻石系列刀具，根据零件加工要求，需要选用外圆车刀（加工外轮廓、端面），内孔车刀（加工内孔及螺纹底孔），内沟槽刀（加工内沟槽），外切槽刀（加工退刀槽），内、外螺纹刀（加工螺纹），钻头和中心钻，如表6.8所示。

4. 制定加工方案与加工路线

采用两次装夹后完成粗、精加工的加工方案，先加工左端内外形，完成粗、精加工后掉头加工工件右端。进行数控加工时尽可能采用沿轴向切削的方式进行加工，以提高加工过程中工件与刀具的刚性。

车左端的步骤如下：

（1）车端面。

（2）孔加工。先打中心孔，钻中心孔时，主轴转速设定为1000r/min，然后用$\phi20$mm麻花钻钻孔。

表6.8　零件3的刀具卡

序　号	刀具号	刀具名称及规格	刀尖半径/mm	刀杆型号	刀片型号
1	T0101	粗右偏外圆车刀	0.4	SDJCR/L3225P11	DCMT11T304-HR
2	T0202	精右偏外圆车刀	0.2	SVJBR/L3225P16	VBMT110202-HF
3	T0303	内孔车刀	0.4	S16M-PCLNR/L09	CNMG090304-PM
4	T0404	内圆切槽刀	0.3（刀具宽度B=2.5 mm）	C20Q-QEDR/L05-27	ZTED02503-MG
5	T0505	外圆切槽刀	0.4（刀具宽度B=4 mm）	QEGD3232R/L13	ZTGD0404-MG
6	T0606	内螺纹刀		SNR0032R16	RT16.01N-1.5GM
7	T0707	外螺纹刀	0.2	SWR3232P16	RT16.01W-1.50GM
8		ϕ20mm麻花钻		1534SU03C-2000	
9		中心钻			

（3）内孔车刀粗、精车内孔外形。内表面粗加工采用95°内孔车刀，运用G71内径复合循环进行粗车，精车时运用G70精车循环进行内表面的精车。保证尺寸$\phi33_0^{0.039}$mm、ϕ28.5mm、C1.5mm。

（4）车内槽,保证槽尺寸4mm×ϕ35mm。

（5）车内螺纹，保证尺寸M30×1.5mm。

（6）粗、精车左端外圆轮廓。保证外圆尺寸$\phi48_{-0.025}^{0}$mm。

车右端的步骤如下：

（1）车端面，保证总长。

（2）粗、精车右端外圆轮廓。先粗精车零件右端外形，保证外螺纹底径ϕ23.8mm，把中间圆弧部分先加工成ϕ50.5mm圆柱形。

（3）车槽。

（4）采用G73指令对圆弧部分进行粗加工，再采用G70指令对圆弧部分进行精加工。

（5）外螺纹加工，保证尺寸M24×2mm。

5．确定切削用量

加工参数的确定取决于实际加工经验、工件的加工精度及表面质量、工件的材料性质、刀具的种类及形状、刀柄的刚性等诸多因素。

（1）主轴转速。硬质合金刀具材料在切削钢件时，本工件粗加工时的主轴转速在400～1000r/min内选取，精加工的主轴转速在800～2000 r/min内选取。

（2）进给速度。粗加工时，为提高生产效率，在保证工件质量的前提下，可选择较高的进给速度，一般取100～200mm/min。精加工的进给速度一般取粗加工进给速度的1/2。切槽、车孔加工时，应选用较低的进给速度，一般取50～100mm/min内选取。

（3）背吃刀量。背吃刀量根据机床与刀具的刚性以及加工精度来确定，粗加工的背吃刀量一般取2～5mm（直径量），精加工的背吃刀量等于精加工余量，精加工余量一般取0.2～0.5mm（直径量）。

6.3.2 程序编制

1. 建立工件坐标系

由于工件在长度方向的要求较低，根据编程原点的确定原则，为了方便计算与编程，编程坐标系原点取在装夹后工件的右端面与主轴轴线相交的交点上。采用手动试切法对刀。

2. 刀具运行轨迹点确定及部分坐标值计算

1）加工路线起刀点

起刀点通常离工件较近，但与毛坯留有一定的距离，因此确定加工左端起刀点的坐标（X15，Z2），加工右端起刀点的坐标为（X50，Z2）。

2）换刀点

统一放在Z轴距工件前端面100mm，X轴距轴心线50mm的位置，即（X100，Z100）。

3）螺纹大径与小径数值的确定

（1）内螺纹：内螺纹M30×1.5-6H精度要求较高，车削三角内螺纹时，因车刀挤压作用，内孔直径变小（车塑性材料较为明显），所以车削内螺纹前的孔径应比内螺纹小径略大，而且内螺纹加工后的实际顶径允许大于内螺纹小径的基本尺寸，所以实际车内螺纹前的孔径$D \approx D-P = 28.5$（mm）。

（2）外螺纹：外螺纹M24×2mm，根据经验实际大径d取23.8mm，在加工螺纹之前由车削外圆保证。进刀次数和每次进刀的背吃刀量查表可得进刀5次，每次进刀的背吃刀量（直径值）分别为：0.9mm、0.6mm、0.6mm、0.4mm和0.1mm。牙深1.3mm，则螺纹小径$d_1 = 23.8-2.6 = 21.2$（mm）。

4）工件圆弧节点的确定

此工件圆弧节点分别为O，P，Q三点，如图6.14所示。

（1）O点坐标的确定，如图6.15所示。

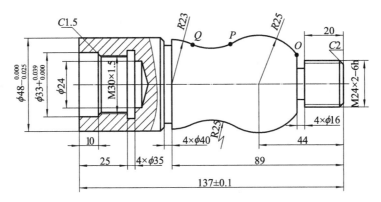

图6.14 工件圆弧的节点

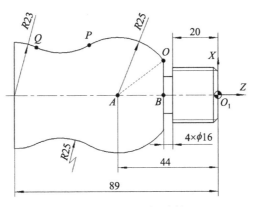

图6.15 O点坐标计算

以XO_1Z为工件编程坐标系，在直角三角形OAB中，$AB=20$，$OA=25$，利用三角形勾股定理：

$$AB^2+OB^2=OA^2$$
$$OB=\sqrt{OA^2-AB^2}$$
$$=\sqrt{25^2-20^2}$$
$$=15$$

因此O点坐标为（30，-24）。

（2）P、Q点坐标确定。

在数控编程时，遇到外形复杂的或空间曲面零件，有些计算很烦琐，需要按照解析几何展开或解一些联立方程组，要占用大量的时间，并且在解题过程中轻易出现错误。通常采用计算机绘图软件（如AutoCAD）辅助作图解决以上存在的计算问题，不但速度快，而且正确率高，只要按照图纸要求，在计算机屏幕上画出所要加工各轮廓图形，即可通过软件查询功能在图中找出编程零件轮廓各节点位置坐标值。

本例中，经计算机绘图软件绘图、查询，得到两点的坐标值：

P（43.486，-56.339）　　　　Q（41.674，-79.262）

以上O点和P、Q点坐标的确定方法也就是现阶段数控编程坐标确定的两种方法，计算过程简单的可由计算求得，复杂的由绘图软件查询求得。

3. 加工工艺制定

通过以上分析，该零件的加工工序卡见表6.9。

表6.9　零件3的工序卡

操作序号	工步内容	刀具	主轴转速S/（r·min⁻¹）	进给速度 v_f/（mm·r⁻¹）	背吃刀量/mm	备注
主程序1：加工工件左端。夹住毛坯左端，伸出长度大于45 mm						
1	手动车左端面	T0101	500			
2	手动预钻孔	中心钻	300			
3	手动钻孔	φ20mm钻头	300			
4	粗车内孔外形	T0303	800	0.15	1	
5	精车内孔外形	T0303	1200	0.1	0.2	
6	车内槽	T0404	600	0.1		
7	车内螺纹	T0606	500	1.5	多刀车削	
8	粗车左端外圆轮廓	T0101	600	0.2	2	
9	精车左端外圆轮廓	T0202	1000	0.1	0.2	
主程序2：加工工件右端。工件掉头装夹，伸出长度大约100 mm						
1	手动车右端面，保证长度尺寸137 mm	T0101	500			
2	粗加工右端外圆轮廓	T0101	600	0.2	2	
3	精加工右端外圆轮廓	T0202	1000	0.1	0.2	
4	切槽	T0505	600	0.1		
5	车外螺纹	T0606	400	2mm/r	多刀车削	
6	检测、校核					

4. 程序编制

工件左端的加工程序见表6.10。

工件右端加工程序见表6.11。

表6.10 工件左端的加工程序

序 号	程 序	程序说明
	O0112	主程序名
N010	G21 G40 G97 G99	程序初始化
N020	G00 X100.0 Z100.0	快速到达换刀点位置
N030	M03 S800 T0303	主轴正转，选择3号镗孔刀
N040	G00 X20.0 Z2.0	快速定位到循环起点位置
N050	G71 U1 R0.5	内孔粗车循环
N060	G71 P70 Q130 U-0.4 W0.2 F0.15	粗车循环
N070	G00 X35.0	接近工件
N080	G01 Z0 F0.1	到达切削起点，设定进给量为0.1mm/r
N090	X330 Z-1.0	径向进给到ϕ33mm的内孔
N100	Z-10.0	加工ϕ33mm内孔
N110	X31.5	准备加工倒角
N120	X28.5 Z-11.5	倒角C1.5
N130	Z-29.0	加工内孔螺纹底孔ϕ28.5mm
N140	X22.0	X向退刀
N150	G00 Z100.0	Z向远离工件
N160	X100.0	快速退刀
N170	M03 S1200	换速
N180	T0303	调入刀具补偿
N190	G41 G00 X19.0 Z2.0	定位
N200	G70 P70 Q130	精加工循环，见图6.16（a）
N210	G40 G01 X22.0	刀具补偿结束
N220	G00 Z100.0	Z向快速退刀
N230	X100.0	X向退刀
N240	M03 S600	主轴调速
N250	T0404	换4号内槽刀
N260	G00 X26.0 Z5.0	快速定位
N270	Z-27.5	快速到槽起点
N280	G01 X35.0 F0.1	切槽
N290	X26.0	退刀

续表6.10

序 号	程 序	程序说明
N300	Z-29.0	进刀
N310	X35.0	切槽
N320	G04 X1.0	暂停，见图6.16（b）
N330	X26.0	径向退刀
N340	G00 Z100.0	轴向退刀
N350	X100.0	径向退刀
N360	M03 S500	主轴调速
N370	T0606	换6号螺纹刀
N380	G00 X26.0	快进
N390	Z-6.0	快进到内螺纹复合循环起刀点
N400	G76 P10160 R0.1	内螺纹复合循环
N410	G76 X30.05 Z-22.0 R0 P974 Q400 F1.5	内螺纹复合循环，见图6.16（c）
N420	G00 Z100.0	退刀
N430	X100.0	退刀
N440	T0101	换1号外圆粗车刀
N450	M05	主轴停转
N460	M00	程序暂停
N470	M03 S600	主轴正转
N480	G00 X57.0 Z2.0	到达循环始点
N490	G71 U2.0 R0.5	外圆粗车循环
N500	G71 P510 Q530 U0.4 W0.0 F0.2	外圆粗车循环
N510	G00 X48.0	接近工件
N520	G01 Z0 F0.1	到达切削起点，设进给量为0.1mm/r
N530	Z-46.0	车削ϕ48mm的外圆柱面
N540	G00 X100.0 Z100.0	快速退刀
N550	M03 S1000 T0202	换2号刀，主轴转速为1000r/min
N560	G42 G00 X57.0 Z2.0	调入右刀具补偿，定位
N570	G70 P510 Q530	外圆精车循环，见图6.16（d）
N580	G40 G00 X100.0 Z100.0	取消刀具补偿，快速退刀
N590	M05	主轴停转
N600	M30	程序结束

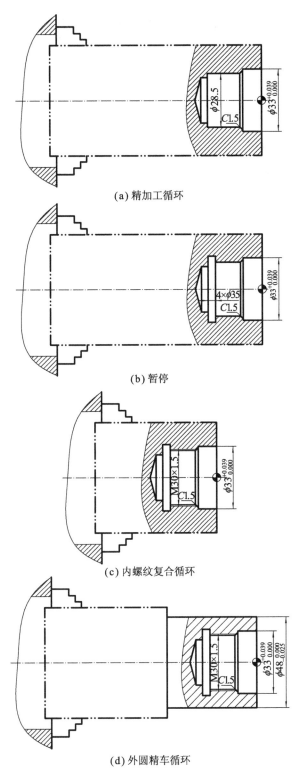

(a) 精加工循环

(b) 暂停

(c) 内螺纹复合循环

(d) 外圆精车循环

图6.16 工件左端加工

表6.11 工件右端的加工程序

序 号	程 序	程序说明
	O0117	主程序名
N010	G21 G40 G97 G99	程序初始化
N020	G00 X100.0 Z100.0	快速到达换刀点位置
N030	M03 S600 T0101	主轴正转,选择1号外圆粗车刀
N040	G00 X58.0 Z2.0	快速到达循环起点
N050	G71 U2.0 R2	外圆粗车循环
N060	G71 P70 Q120 U0.4 W0.2 F0.2	粗车循环
N070	G00 X20.0	快速定位
N080	G01 Z0 F0.1	到达切削起点,设进给量为0.1mm/r
N090	X23.8 Z-2.0	加工倒角
N100	Z-24.0	加工螺纹小径
N110	X50.5	准备加工圆弧部分
N120	Z-93.0	中间圆弧部分先加工成ϕ50.5mm圆柱形
N130	G00 X100.0 Z100.0	快速远离工件,到达换刀点位置
N140	M03 S1000 T0202	主轴正转,选择2号外圆精车刀
N150	G70 P70 Q120	精加工循环
N160	G00 X100.0 Z100.0	退刀
N170	M05	主轴停止
N180	M00	程序暂停,对精加工后的零件进行测量
N190	T0404	换切槽刀
N200	M03 S600	主轴以600r/min正转
N210	G00 X52.0	快速定位
N220	Z-95.0	快速定位
N230	G01 X48.0 F0.1	到达倒角加工起点,设进给量为0.1mm/r
N240	X44.0 Z-93.0	加工ϕ40mm右侧倒角
N250	X40.0	切槽加工
N260	G04 X1.0	光顺槽底
N270	G00 X52.0	快速退出
N280	Z-24.0	到达ϕ16mm槽的加工起点

续表6.11

序 号	程 序	程序说明
N290	G01 X16.0 F0.1	加工φ16mm槽
N300	G04 X1.0	光槽底，见图6.17（a）
N310	G00 X100.0	径向退刀
N320	Z100.0	轴向退刀
N330	T0101	选择1号刀具
N340	M03 S600	主轴正转
N350	G00 X55.0 Z-20.0	到循环始点
N360	G73 U5.0 W0 R5	G73复合循环
N370	G73 P380 Q430 U0.4 W0 F0.2	
N380	G00 X30.0	快速定位
N390	G01 Z-24 F0.1	加工到R25圆弧起点
N400	G03 X43.486 Z-56.339 R25	加工R左端第一个R25圆弧
N410	G02 X41.674 Z-79.262 R25	加工第二个R25圆弧
N420	G03 X46.0 Z-89.0 R23	加工R23圆弧
N430	G01 Z-91.0	Z向切削
N440	G00 X100.0 Z100.0	快速退刀
N450	M03 S1000	主轴正转
N460	T0202	选择2号刀具补偿
N470	G42 G00 X55.0 Z-20.0	建立刀具补偿
N480	G70 P380 Q430	精加工循环，见图6.17（b）
N490	G40 G00 X100.0 Z100.0	取消刀具补偿
N500	M03 S400	主轴正转
N510	T0606	选择6号螺纹刀
N520	G00 X26.0 Z4.0	快速到达螺纹循环起点
N530	G76 P010060 Q100 R0.2	螺纹复合循环加工
N540	G76 X21.2 Z-22.0 P13000 Q900 F2.0	见图6.17（c）
N550	G00 X100.0 Z100.0	快速退刀
N560	M05	主轴停止
N570	M30	程序结束

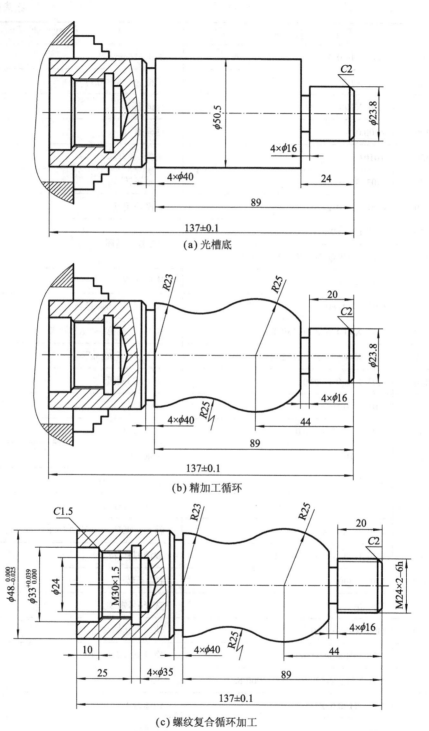

(a) 光槽底

(b) 精加工循环

(c) 螺纹复合循环加工

图6.17 工件右端加工

6.4　内、外轮廓综合加工零件（体现子程序、槽指令）

如图6.18所示轴类零件，已知材料为45钢，毛坯为$\phi 65\text{mm}\times 130\text{mm}$的棒料。要求：制定零件的加工工艺，编写零件的数控加工程序，完成零件的车削加工。

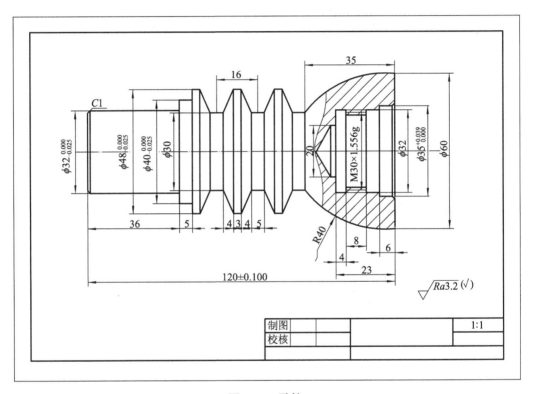

图6.18　零件4

6.4.1　工艺分析

1. 图样分析

零件包括外圆弧面、外圆柱面、端面、外沟槽、内孔、内螺纹及倒角加工。

（1）尺寸精度分析。该零件加工精度等级为IT7～IT8级。本零件精度要求较高的尺寸有：外圆$\phi 32_{-0.025}^{0}\text{mm}$、$\phi 48_{-0.025}^{0}\text{mm}$、$\phi 40_{-0.025}^{0}\text{mm}$，内孔$\phi 30_{0}^{0.039}\text{mm}$，长度$120\pm 0.1\text{mm}$。

（2）表面粗糙度分析。表面粗糙度要求为全部$Ra3.2\mu\text{m}$。对于表面粗糙度要求，主要通过选用合适的刀具及其几何参数，正确的粗、精加工路线，合理的切削用量及冷却液等措施来保证。

2.零件装夹及夹具选择

该零件采用数控车床通用夹具——三爪自定心卡盘进行定位于装夹。工件装夹过程中，应对工件进行找正，以保证工件轴线与主轴轴线同轴。

加工右端内孔和外圆时，三爪直接夹持棒料外圆，用深度尺测量伸出长度，实现Z向的定位。

工件装夹时的夹紧力要适中，既要防止工件的变形与夹伤，又要防止工件在加工过程中产生松动。加工该工件右端时，可用铜皮或者C型套包住左端已加工表面，以防止卡爪夹伤表面。

3.刀具准备，填写刀具卡

选用株洲钻石系列刀具，根据零件加工要求，需要选用外圆车刀（加工外轮廓、端面），内孔车刀（加工内孔及螺纹底孔），内、外切槽刀（加工槽），内螺纹刀（加工螺纹），钻头和中心钻。零件4的刀具工艺卡如表6.12所示。

表6.12　零件4的刀具工艺卡

序　号	刀具号	刀具名称及规格	刀尖半径/mm	刀杆型号	刀片型号
1	T0101	粗右偏外圆车刀	0.4	SDJCR/L3225P11	DCMT11T304-HR
2	T0202	精右偏外圆车刀	0.2	SVJBR/L3225P16	VBMT110202-HF
3	T0303	内孔车刀	0.4	S16M-PCLNR/L09	CNMG090304-PM
4	T0404	内圆切槽刀	0.3（刀具宽度B=2.5 mm）	C20Q-QEDR/L05-27	ZTED02503-MG
5	T0505	外圆切槽刀	0.4（刀具宽度B=4 mm）	QEGD3232R/L13	ZTGD0404-MG
6	T0606	内螺纹刀		SNR0032R16	RT16.01N-1.5GM
8		ϕ20mm麻花钻		1534SU03C-2000	
9		中心钻			

4.确定加工方案及加工路线

车左端的加工步骤如下：

（1）粗车左端ϕ32mm、ϕ40mm、ϕ48mm外圆。采用G71指令分层切削。

（2）精车左端ϕ32mm、ϕ40mm、ϕ48mm外圆。采用G70指令循环完成，如图6.19所示。

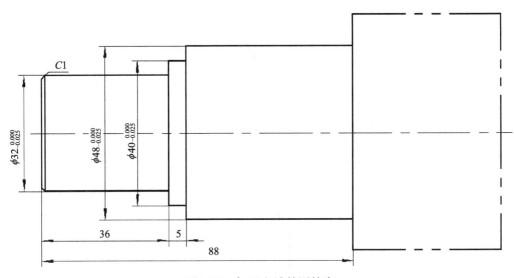

图6.19 加工左端外圆轮廓

（3）加工左端两个槽及圆弧左端槽。由于槽精度要求不高，故可用槽刀直进法车削成型，槽两侧锥面可用槽刀的左、右两个刀尖直接车出。经过分析，完成一个槽的加工需要经过切槽、右侧锥面、左侧锥面加工三个阶段。切槽阶段包括四个动作：刀具由A点车槽到B点、从B点退刀回A点、A点向右工进1mm由C点车槽到D点、从D点退刀回C点，如图6.20（a）所示。右侧锥面阶段包括三个动作：从C点进刀到E点、从E点右侧加工至F点、从F点退回到C点，如图6.20（b）所示。左侧锥面阶段包括三个动作：从C点进刀到G点、从G点左侧加工至H点、从H点退回，如图6.20（c）所示。

车右端的加工步骤如下：

（1）手动车右端面，保证长度尺寸120 mm。

（2）粗车右端内孔ϕ35mm、ϕ32mm、螺纹底孔ϕ28mm。采用G71指令分层切削。

（3）精车右端内孔ϕ35mm、ϕ32mm、螺纹底孔ϕ28mm。采用G70指令循环完成，如图6.21所示。

（4）车内槽。由于刀片2.5mm宽，槽宽4mm，因此该内沟槽需两次进刀车削成型。

（5）车内螺纹。用60°内螺纹车刀采用斜进法完成内螺纹的加工，如图6.22所示。

（6）粗车外圆弧面。采用G73指令分层切削。

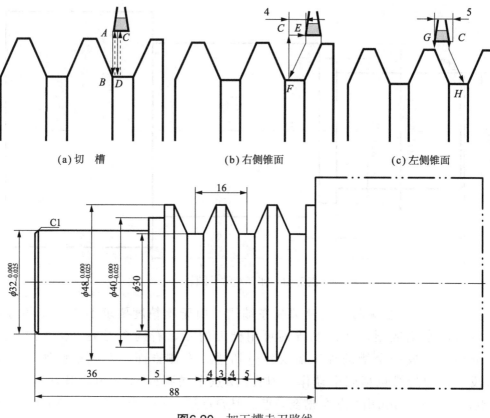

(a) 切　槽　　　　　　　(b) 右侧锥面　　　　　　　(c) 左侧锥面

图6.20　加工槽走刀路线

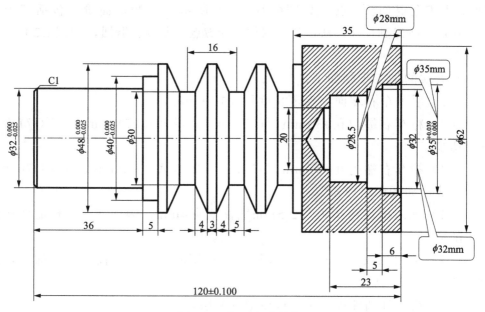

图6.21　加工内孔轮廓

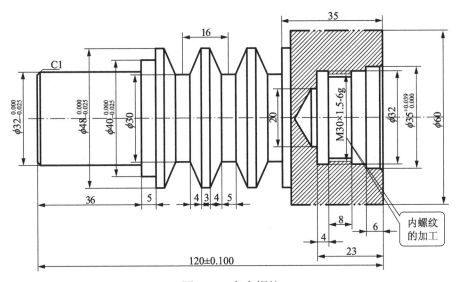

图6.22 车内螺纹

（7）精车外圆弧面。采用G70指令循环完成，如图6.23所示。

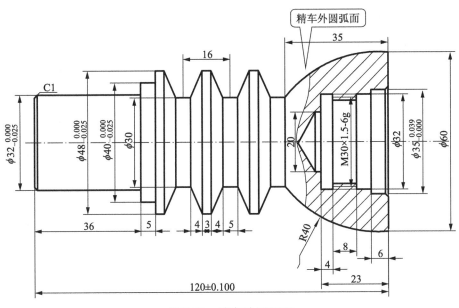

图6.23 精车外圆弧面

6.4.2 程序编制

1. 建立工件坐标系

由于工件在长度方向的要求较低，根据编程原点的确定原则，为了方便计算与编程，编程坐标系原点取在装夹后工件的右端面与主轴轴线相交的交点上。采用手动试切法对刀。

2. 部分坐标值计算

根据工艺安排，刀具车槽的起点相对下个槽的起点的增量坐标为W-16，C点相对E点的增量坐标为W4，F点相对E点的坐标为（X30，W-4），C点相对G点的增量坐标为W-5，H点相对G点的坐标为（X30，W4）。

3. 加工工艺制定

通过以上分析，该零件的加工工序卡见表6.13。

表6.13　零件4的工序卡

操作序号	工步内容	刀具	主轴转速 S/（r·min^{-1}）	进给速度 v_f/（mm·r^{-1}）	背吃刀量 /mm	备注
主程序1：加工工件左端。包括两个槽及圆弧左端槽						
1	粗车左端外形	T0101	800	0.2	2	
2	精车左端外形	T0202	1200	0.1	0.2	
3	车槽	T0505	600	0.05		
4	检测、校核					
主程序2：掉头加工零件右端，夹住ϕ32mm×36mm，加工右端内孔部分，然后粗、精加工外部圆弧						
1	手动车右端面，保证长度尺寸120 mm	T0101	500			
2	粗车右端内孔外形	T0303	800	0.15	1	
3	精车右端内孔外形	T0303	1200	0.1	0.2	
4	车内槽	T0404	600	0.05		
5	车内螺纹	T0606	1000			
6	粗车外圆弧面	T0101	800	0.2	1	
7	精车外圆弧面	T0202	1200	0.1	0.5	

4. 程序编制

工件左端的加工程序见表6.14。

零件左端的外槽加工子参考程序见表6.15。

零件右端的加工参考程序见表6.16。

表6.14 工件左端的加工程序

序　号	程　　序	程序说明
	O1314	主程序名
N010	G21 G40 G97 G99	程序初始化
N020	G00 X100.0 Z100.0	快速到达换刀点位置
N030	M03 S800 T0101	主轴正转，选择1号外圆刀
N040	G00 X67.0 Z2.0	快速定位
N050	G71 U2 R1	粗车循环
N060	G71 P70 Q140 U0.4 W0.1 F0.2	粗车循环
N070	G00 X30.0	轮廓加工
N080	G01 Z0	靠近工件
N090	X32 Z-1.0 F0.1	倒C1角
N100	Z-36.0	加工ϕ32mm外圆
N110	X40.0	到达ϕ40mm外圆面切削起点
N120	Z-41.0	加工ϕ40mm外圆
N130	X48.0	到达ϕ48mm外圆面切削起点
N140	Z-88.0	加工ϕ48mm外圆
N150	G00 X100.0 Z100.0	退刀
N160	M05	主轴停转
N170	M00	程序暂停
N180	M03 S1200 T0202	换2号外圆刀，换速
N190	G00 X67.0 Z2.0	定位
N200	G70 P70 Q140	精加工循环，见图6.19
N210	G00 X100.0 Z100.0	退刀
N220	M05	主轴停
N230	M00	程序暂停
N240	T0505	换5号切槽刀
N250	M03 S600	主轴正传
N260	G00 Z-37.0	快进
N270	X50.0	定位至切槽起点
N280	M98 P31315	调用切槽子程序3次，见图6.20（d）
N290	G00 X100.0	退刀
N300	Z100.0	退刀
N310	M05	主轴停
N320	M30	程序结束

表6.15 零件左端的外槽加工子参考程序

序 号	程 序	程序说明
	O1315	主程序名
N010	G00 W-16.0	刀具沿Z轴负方向平移16mm
N020	G01 X30.0 F0.05	沿径向切槽至槽底
N030	G04 X0.5	槽底暂停
N040	G00 X50.0	快速退刀
N050	W1.0	沿Z轴正向平移1mm
N060	G01 X30.0 F0.05	沿径向切槽至槽底
N070	G04 X0.5	槽底暂停
N080	G00 X50.0	快速退刀
N090	G01 W4.0 F0.05	沿Z轴切削4mm，设进给量为0.05mm/r
N100	X48.0	沿径向加工至ϕ48mm
N110	X30.0 W-4.0	刀具切沟槽右侧面至槽底
N120	G00 X50.0	快速退刀
N130	W-5.0	Z向退刀5mm
N140	G01 X48.0	沿径向加工至ϕ48mm
N150	X30.0 W4.0	刀具切沟槽右侧面至槽底
N160	G00 X50.0	快速退刀
N170	M99	子程序结束

表6.16 零件右端的加工参考程序

序 号	程 序	程序说明
	O1316	主程序名
N010	G21 G40 G97 G99	程序初始化
N020	M03 S800 T0303	主轴正转，选择3号镗孔刀
N030	G00 X19.0 Z2.0	快速定位至ϕ19mm直径，距端面2mm
N040	G71 U1 R0.5	粗车循环
N050	G71 P60 Q130 U-0.4 W0.2 F0.15	粗车循环
N060	G00 X37.0	靠近工件
N070	G01 Z0 F0.1	到达切削起点
N080	X35 Z-1.0	倒角C1
N090	Z-6.0	加工ϕ35mm内孔
N100	X32.0	准备加工ϕ32mm内孔

序　号	程　　序	程序说明
N110	Z-11.0	加工ϕ32mm内孔
N120	X28.5	准备加工ϕ28.5mm螺纹内孔
N130	Z-23.0	加工ϕ28.5mm螺纹内孔
N140	G00 X100.0 Z100.0	退刀
N150	M03 S1200 T0303	换速
N160	G00 G41 X19.0 Z2.0	调入刀具补偿，定位
N170	G70 P60 Q130	精加工循环，见图6.21
N180	G00 G40 X100 Z100	取消刀具补偿，退刀
N190	M03 S600	主轴正转
N200	T0505	换5号内槽刀
N210	G00 X28.0 Z5.0	快速定位
N220	Z-21.5.0	快进到槽起点
N230	G01 X32.0 F0.05	切槽
N240	X28.0	退刀
N250	Z-23.0	进刀
N260	X32.0	切槽
N270	G04 X1.0	暂停
N280	X28.0	径向退刀
N290	G00 Z100.0	Z向快速退刀
N300	X100.0	X向快速退刀
N310	M03 S1000	主轴正转
N320	T0606	换6号内螺纹刀
N330	G00 X26.0	快进
N340	Z-8.0	快进到内螺纹复合循环起刀点
N350	G76 P10160 Q80 R0.1	内螺纹复合循环
N360	G76 X30.0 Z-21.0 R0 P974 Q400 F1.5	内螺纹复合循环，见图6.22
N370	G00 Z100.0	退刀
N380	X100.0	退刀
N390	T0101	换1号外圆车刀
N400	M05	主轴停止

序　号	程　序	程序说明
N410	M00	程序暂停
N420	M03 S800	主轴正转
N430	G00 X67 Z2	快进
N440	G73 U5 W1 R6	圆弧面循环粗加工
N450	G73 P460 Q480 U1W1F0.2	圆弧面循环粗加工
N460	G00 X60.0	圆弧面轮廓加工
N470	G01 Z0 F0.1	靠近工件
N480	G03 X30.0 Z-35.0 R40	圆弧加工
N490	G00 X100.0 Z100.0	远离工件
N500	M03 S1200	改变主轴转速1200r/min
N510	T0202	换2号刀
N520	G42 G01 X65.0 Z0	加入刀具补偿
N530	G70 P460 Q480	圆弧面循环精加工，见图6.23
N540	G00 G40 X100.0 Z100.0	取消刀具补偿
N550	M05	主轴停转
N560	M30	程序结束

6.5　复杂轴类零件（体现宏程序）

如图6.24所示的带椭圆曲面复杂轴零件，毛坯ϕ65mm×160mm棒料，材料为45钢，要求分析零件的加工工艺，填写工艺文件，编写零件的加工程序，完成零件的车削加工。

6.5.1　工艺分析

1.图样分析

该零件的加工面主要由圆锥面、圆柱面、椭圆面、外沟槽、内孔和内螺纹组成。零件车削加工成形轮廓的结构形状复杂，零件重要的加工部位为椭圆曲面和内螺纹，零件的其他加工部位相对容易加工。由图6.24可知，该零件加工精度等级为IT8。表面粗糙度要求为全部Ra3.2μm。设备采用数控车床型号CK6150，数控系统为FANUC 0i。

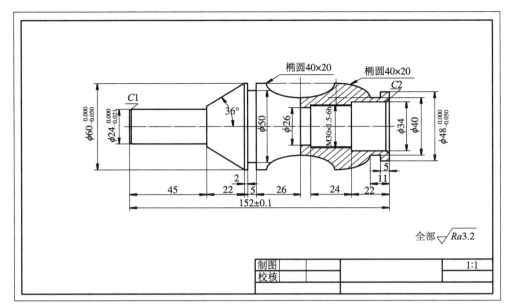

图6.24 零件图5

2. 零件装夹及夹具选择

在数控加工中，该零件可以采用三爪自定心卡盘装夹定位方式进行装夹定位，保证外圆柱面对内孔圆柱面的同轴度要求。

3. 刀具准备，填写刀具卡

本例选用株洲钻石系列刀具，根据零件加工要求，需要选用中心钻、外圆车刀（加工外轮廓、端面、倒角），外切槽刀（切槽、切断工件），内螺纹车刀，刀片材料均采用硬质合金。零件5的刀具使用卡见表6.17。

表6.17　零件5的刀具使用卡

序　号	刀具号	刀具名称及规格	刀尖半径/mm	刀杆型号	刀片型号
1	T0101	外圆车刀	0.2	SVJBR/L3225P16	VBMT110202-HF
2	T0202	外圆切槽刀	0.4 B=5mm	QEHD3232R/L13	ZTHD0504-MG
3	T0303	内孔螺纹刀	0.2	SNR0032R16	RT16.01N-1.5GM
4	T0404	内孔车刀	0.2	S16M-PCLNR/L09	CNMG090302-PM
5	T0505	中心钻	ϕ5		
6	T0606	麻花钻	ϕ20	1534SU03C-2000	

6.5.2 程序编制

1. 建立工件坐标系

由于工件在长度方向的要求较低,根据编程原点的确定原则,为了方便计算与编程,编程坐标系原点取在装夹后工件的两端面与主轴轴线相交的交点上。采用手动试切对刀。

2. 加工工艺制定

通过以上分析,该零件的加工工序卡见表6.18。

表6.18 零件5的工序卡

加工工序一:车左端面,保证总长;粗、精车工件左端外形轮廓面

程序号	工 步	刀 具	刀具类型	主轴转速 $S/(\text{r}\cdot\text{min}^{-1})$	进给速度 $v_f/(\text{mm}\cdot\text{r}^{-1})$	背吃刀量 /mm
O0001	车左端面	T0101	外圆车刀	600	手动	1
	粗车外圆锥面、圆柱面	T0101	外圆车刀	600	0.25	2
	精车外圆锥面、圆柱面、端面倒角	T0101	外圆车刀	800	0.2	0.5

加工工序二:调头,保证总长,粗、精车工件右端内轮廓面,车内螺纹

程序号	工 步	刀 具	刀具类型	主轴转速 $S/(\text{r}\cdot\text{min}^{-1})$	进给速度 $v_f/(\text{mm}\cdot\text{r}^{-1})$	背吃刀量 /mm
O0002	车端面(保证总长)	T0101	外圆车刀	600	手动	
	打中心孔	T0505	中心钻	500	手动	
	钻孔	T0606	麻花钻	500	手动	
	粗、精车内孔轮廓面	T0404	内孔车刀	400	0.3	
	车内螺纹	T0303	螺纹刀	500	0.2	

加工工序三:粗、精车工件右端直槽、外凹凸椭圆曲面

程序号	工 步	刀 具	刀具类型	主轴转速 $S/(\text{r}\cdot\text{min}^{-1})$	进给速度 $v_f/(\text{mm}\cdot\text{r}^{-1})$	背吃刀量 /mm
O0003	切外槽	T0202	外圆切槽刀	200	0.1	
	车外凹凸椭圆曲面	T0101	外圆车刀	500	0.3	

3. 程序编制

参考加工程序如表6.19所示。

表6.19 零件5的主要加工程序

序 号	程 序	程序说明	
	O0001	主程序名（粗、精车左端轮廓）	
N01	G21 G18 G99 G40	设定初始化条件	
N02	G54 T0101	选用1号刀	
N03	G00 X300 Z300	车左端面，保证总长153mm	见图6.25（a）
N04	S600 M03		
N05	G00 X70 Z0 M9		
N06	G01 X-1 F0.3		
N07	G00 X300 Z300 M9		
N08	M05	主轴停转	
N09	M00	程序停机	
N30	G54 T0101	选用1号刀	
N40	S500 M03	主轴以500r/min速度正转	
N50	G00 X70 Z2 M8	接近工件	
N60	G71 U2 R0.5 G71 P10 Q20 U1 W0 F0.3	粗加工φ24mm外圆及36°锥面，保证尺寸φ25mm、φ29mm及36°锥面	见图6.25（b）
N10	G42 G00 X25 Z2		
N11	G01 Z-46		
N12	X29		
N13	X60 Z-67.02		
N20	G00 G40 X70		
N21	G70 P10 Q20		
N22	Z10	快速退刀	
N23	G00 X300 Z300 M9	快速退刀	
N24	M05	主轴停转	
N25	M00	程序停机	
N70	G54 T0101	精加工φ24mm外圆及36°锥面，端面倒角1×45°	见图6.25（c）
N71	S650 M3		
N72	G00 X70 Z2 M8		
N73	X22		
N74	G42 G01 X24 Z-1 F0.25		
N75	Z-46		
N76	X28		
N77	X60 Z-67		
N78	G40 G00 X70	取消刀具补偿，X向快速退刀	
N79	Z10	Z向退刀	

续表6.19

序 号	程 序	程序说明	
N80	X300 Z300 M9	回起刀点	
N81	M05	主轴停转	
N82	M30	程序结束	
	O0002	主程序名（调头保证总长、车内孔、内螺纹）	
N10	G18 G99 G40	程序初始化，定义坐标系，选用1号刀具	
N20	G54 T0101		
N30	G00 X300 Z300	车右端面，保证总长152mm；（或手动车削）	见图6.25（d）
N40	S500 M03		
N50	G00 X70 Z0 M9		
N60	G01 X-1 F0.3		
N70	G00 X300 Z300 M9		
N80	M05		
N90	M00		
N100	G54 T0101	车外圆φ60mm ×85mm；选用1号刀，主轴转速500r/min，进给量0.3mm/r	见图6.25（e）
N110	S500 M3		
N120	G00 X60 Z2 M8		
N130	G01 Z-85 F0.3		
N140	G00 X70		
N150	Z10		
N160	G00 X300 Z300 M9		
N170	M05		
N180	M00		
N01	G54 T0505	打中心孔（或手动方式）；选用5号刀，主轴转速300r/min，进给量0.3mm/r	见图6.25（f）
N02	S300 M3		
N03	G00 X70 Z2 M8		
N04	X0		
N05	G01 Z-5 F0.3		
N06	G00 Z2 M9	Z向退刀	
N07	X70	X向退刀	
N08	X300 Z300	回起刀点	
N09	M05	主轴停转	
N11	M00	程序停机	

序　号	程　序	程序说明	
N21	G54 T0606		
N22	G97 S200 M03	钻ϕ20mm通孔（或手动方式）；采用恒线速度方式，主轴以200r/min速度正转，进给量0.3mm/r	见图6.25（g）
	G00 X70 Z2 M8		
	X0		
	G01 Z-60 F0.3		
	G00 Z2		
	X70		
	X300 Z300 M9		
N23	M05		
N24	M00		
N51	G54 G99 T0404	粗、精车内轮廓（包括倒角、内螺纹小径ϕ28.5mm尺寸）；选用4号刀，主轴以400r/min的速度正转，进给量0.3mm/r，精加工余量X方向为0.5mm，Z方向为0mm	见图6.25（h）
N52	S400 M3		
N53	G00 X70 Z2 M8		
N54	X18		
N55	G71 U2 R0.5 G71 P10 Q20 U1 W0 F0.3		
N10	G41 G00 X38		
N57	G01 Z0		
N58	X34 Z-2		
N59	Z-22		
N61	X28.5		
N62	Z-46		
N63	X26		
N64	Z-52		
N20	G00 G40 X18		
N65	G70 P10 Q20	精加工轮廓	
N66	Z10	Z向退刀	
N67	X70	X向退刀	
N68	X300 Z300 M9	回起刀点	
N69	M05	主轴停转	
N70	M00	程序停机	

序 号	程 序	程序说明	
N180	G54 G99 T0303	换螺纹刀，车螺纹。主轴以300r/min的速度正转，采用螺纹循环指令G92，螺纹导程为1.5mm，分层切削螺纹	见图6.25（i）
N190	S300 M3		
N200	G00 X70 Z2 M8		
N210	X25		
N220	G92 X28.76 Z-45 F1.5		
N230	X28.96		
N240	X29.16		
N250	X29.36		
N260	X29.56		
N270	X29.76		
N280	X29.96		
N290	X30		
N310	G00 X25	回到螺纹循环点	
N320	Z10	Z向退刀	
N330	X70	X向退刀	
N340	X300 Z300 M9	回起刀点	
N350	M05	主轴停转	
N360	M00	程序停机	
O0003		车右端直槽、外凹凸椭圆曲面	
N500	G54 G99 T0101	换外圆车刀，粗加工ϕ48mm直台，主轴以500r/min正转，采用固定循环G90指令，进给量0.3mm/r	见图6.25（j）
N501	S500 M03		
N502	G00 X65 Z2 M8		
N503	G90 X57 Z-11 F0.3		
N504	X54	X向进给	
N505	X51		
N506	X49		
N507	G00 X70 Z2	退刀	
N508	S600 M3	主轴转速提高	
N509	X48	精加工ϕ48mm直台，进给量为0.2mm/r	
N510	G01 Z-11 F0.2		
N511	X65	X向退刀	
N512	G00 X70 Z2	Z向退刀	
N513	X300 Z300 M9	回起刀点	
N514	M05	主轴停转	

序　号	程　序	程序说明	
N515	M00	程序停机	
N600	G54 G99 T0202	换切槽刀，车ϕ50mm×5mm槽，选用2号刀，主轴速度为200r/min，正转	
N601	S200 M3		
N602	G00 X65 Z2 M8		
N603	Z-83		
N604	G01 X50 F0.1		
N605	G04 X2		
N606	G01 X65		
N607	G00 X70	X向快速退刀	
N608	Z10	Z向退刀	
N609	M05	主轴停转	
N610	M00	程序停机	
N700	S200 M3 G99	主轴转速200r/min，车ϕ40mm×6mm槽，进给量为0.1mm/r	见图6.25（k）
N701	G00 X65 Z2 M8		
N702	Z-10		
N703	G01 X50 F0.1		
N704	G04 X2		
N705	X40		
N706	G04 X2	暂停进给，光整	
N707	G01 X65	退刀	
N708	Z-11	移刀	
N709	X50	X向进刀	
N710	G04 X2	暂停进给，光整	
N711	X40	X向进刀	
N712	G04 X2	暂停进给，光整	
N713	G01 X65	X向退刀	
N714	G00 X70 Z2	X向退刀	
715	Z10	Z向退刀	
N716	X300 Z300 M9	回起刀点	
N717	M05	主轴停转	
N718	M00	程序停机	

序　号	程　序	程序说明
N800	G54 G99 T0101	换1号外圆车刀，加工凹椭圆，主轴以500r/min的速度正转，#1指定Z向起点值，#2、#3指定椭圆长、短半轴的值
N801	S500 M3	
N802	G00 X70 Z2 M8	
N803	Z-31	
N804	#1=20	
N805	#2=20	
N806	#3=10	
N807	WHILE [#1 GE -20] DO1	
N809	#4=#3*SQRT[1-#1*#1/[#2*#2]]	
N810	G01 X[60-#4*2] Z[#1-52] F0.3	直线插补，进给量为0.3mm/r
N811	#1=#1-0.1	步距0.1
N812	END1	语句结束
N813	G00 X70	X向退刀
N814	Z10	Z向退刀
N815	M05	主轴停转
N816	M00	程序停机
N900	G54 G99 T0101	1号外圆车刀，加工凸椭圆，主转以500r/min的速度正转，#1指定Z向起点值，#5、#6指定椭圆长、短半轴的值
N901	S500 M3	
N902	G00 X50 Z-9	
N903	#11=20	
N904	#5=20	
N905	#6=10	
N906	WHILE [#11 GE 0] DO2	当Z值大于等于0时，执行DO2到END2之间的程序
N907	#7=-#6*SQRT[1-#11*#11/[#5*#5]]	计算X值
N908	G01 X[40-#7*2] Z[#11-31] F0.3	直线插补，进给量为0.3mm/r
N909	#11=#11-0.1	步距0.1
N910	END2	语句结束
N911	G00 X70	X向退刀
N912	Z10	Z向退刀
N913	X300 Z300	回起刀点
N914	M05	主轴停转
N915	M30	程序结束

见图6.25（1）

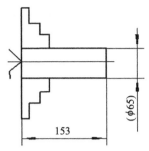

(a) 车左端面，保证总长153mm

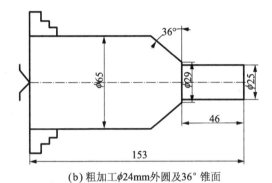

(b) 粗加工φ24mm外圆及36°锥面

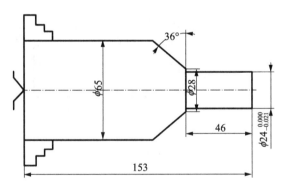

(c) 精加工φ24mm外圆及36°锥面，端面倒角

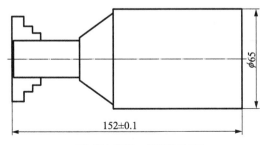

(d) 车右端面，保证总长152mm

图6.25

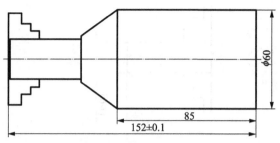

(e) 车外圆φ60mm×85mm

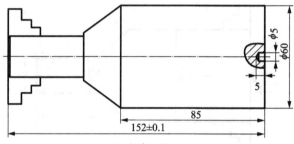

(f) 打中心孔

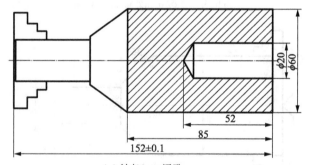

(g) 钻φ20mm通孔

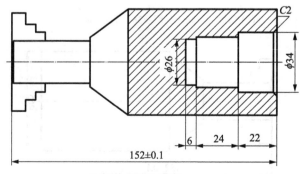

(h) 粗、精车内轮廓

续图6.25

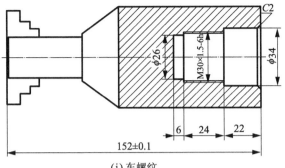

(i) 车螺纹

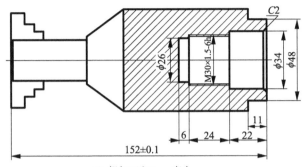

(j) 粗加工φ48mm直台

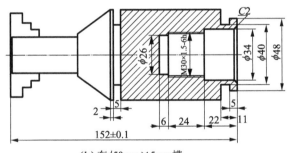

(k) 车φ50mm×5mm槽

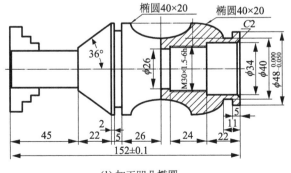

(l) 加工凹凸椭圆

续图6.25

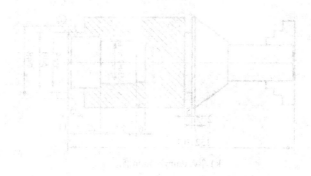

第 7 章

数控车床操作面板及机床的基本操作

7.1 数控车床操作面板功能简介

数控车床种类繁多，操作面板也各异，但其主要功能是数控车床操作面板均具备的。图7.1为FANUC 0i系列数控车床标准面板。一般来说，数控车床标准面板分为三部分：CRT显示屏、MDI键盘和机床操作面板。

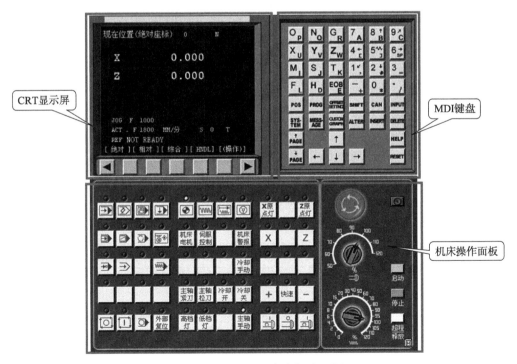

图7.1 FANUC 0i车床标准面板

CRT显示屏是人机对话的窗口，可以显示车床的各种参数和状态，主要用来显示当前坐标位置、工作方式、程序、图形、刀具补偿值、报警信号、自诊断结果等。CRT显示屏下方有软件操作区，共7个，用于各种CRT画面的选择。其中，软键 ◀ 和 ▶ 为拓展键，用于显示下一级菜单。

MDI键盘用于程序编辑、参数输入等操作。MDI键盘上各个键的功能如表7.1所示。

表7.1　MDI键盘各键功能说明

MDI软键	功能说明
PAGE↓　PAGE↓	软键 PAGE 实现左侧CRT中显示内容的向上翻页；软键 PAGE 实现左侧CRT显示内容的向下翻页
↑ ← ↓ →	移动CRT中的光标位置。软键 ↑ 实现光标的向上移动；软键 ↓ 实现光标的向下移动；软键 ← 实现光标的向左移动；软键 → 实现光标的向右移动
O_P N_Q G_R / X_U Y_V Z_W / M_I S_J T_K / F_L H_D EOB_E	实现字符的输入，点击 SHIFT 键后再点击字符键，将输入右下角的字符。例如：点击 O 将在CRT的光标所处位置输入"O"字符，点击软键 SHIFT 后再点击 O 将在光标所处位置处输入P字符；软键中的"EOB"将输入"；"号表示换行结束
7_A 8_B 9_C / 4 5 6_SP / 1 2 3 / - 0 .	实现字符的输入，例如：点击软键 5 将在光标所在位置输入"5"字符，点击软键 SHIFT 后再点击 5 将在光标所在位置处输入"]"
POS	在CRT中显示坐标值
PROG	CRT将进入程序编辑和显示界面
OFFSET SETTNG	CRT将进入参数补偿显示界面
CUSTOM GRAPH	在自动运行状态下将数控显示切换至轨迹模式
SHIFT	输入字符切换键
CAN	删除单个字符
INPUT	将数据域中的数据输入到指定的区域
ALTER	字符替换
INSERT	将输入域中的内容输入到指定区域
DELETE	删除一段字符
HELP	帮助键，用于查看帮助信息
RESTE	机床复位。在自动方式下终止当前加工程序、机床的所有动作停止和取消部分报警

　　CRT显示屏和MDI键盘的下方是机床操作面板，操作者通过按钮或开关直接控制机床的工作，也称为机械操作面板。FANUC 0i系列数控车床机床操作面板功能键如表7.2所示。

表7.2　操作面板功能键说明

按　钮	名　称	功能说明
	自动运行	此按钮被按下后，系统进入自动加工模式
	编辑	此按钮被按下后，系统进入程序编辑状态，用于直接通过操作面板输入数控程序和编辑程序
	MDI	此按钮被按下后，系统进入MDI模式，手动输入并执行指令
	远程执行	此按钮被按下后，系统进入远程执行模式即DNC模式，输入输出资料
	单节	此按钮被按下后，运行程序时每次执行一条数控指令
	单节忽略	此按钮被按下后，数控程序中的注释符号"/"有效
	选择性停止	当此按钮按下后，"M01"代码有效
	机械锁定	锁定机床
	试运行	机床进入空运行状态
	进给保持	程序运行暂停，在程序运行过程中，按下此按钮运行暂停。按"循环启动"恢复运行
	循环启动	程序运行开始；系统处于"自动运行"或"MDI"位置时按下有效，其余模式下使用无效
	循环停止	程序运行停止，在数控程序运行中，按下此按钮停止程序运行
	回原点	机床处于回零模式；机床必须首先执行回零操作，然后才可以运行
	手动	机床处于手动模式，可以手动连续移动
	手动脉冲	机床处于手轮控制模式
	手动脉冲	机床处于手轮控制模式
X	X轴选择按钮	在手动状态下，按下该按钮则机床移动X轴

按　钮	名　称	功能说明
Z	Z轴选择按钮	在手动状态下，按下该按钮则机床移动Z轴
+	正方向移动按钮	手动状态下，点击该按钮系统将向所选轴正向移动。在回零状态时，点击该按钮将所选轴回零
－	负方向移动按钮	手动状态下，点击该按钮系统将向所选轴负向移动
快速	快速按钮	按下该按钮，机床处于手动快速状态
(旋钮)	主轴倍率选择旋钮	将光标移至此旋钮上后，通过点击鼠标的左键或右键来调节主轴旋转倍率
(旋钮)	进给倍率	调节主轴运行时的进给速度倍率
(按钮)	急停按钮	按下急停按钮，使机床移动立即停止，并且所有的输出如主轴的转动等都会关闭
超程释放	超程释放	系统超程释放
(按钮)	主轴控制按钮	从左至右分别为：正转、停止、反转
H	手轮显示按钮	按下此按钮，则可以显示出手轮面板
(面板)	手轮面板	点击 H 按钮将显示手轮面板
(旋钮)	手轮轴选择旋钮	手轮模式下，将光标移至此旋钮上后，通过点击鼠标的左键或右键来选择进给轴
(旋钮)	手轮进给倍率旋钮	手轮模式下将光标移至此旋钮上后，通过点击鼠标的左键或右键来调节手轮步长。X1、X10、X100分别代表移动量为0.001mm、0.01mm、0.1mm
(手轮)	手轮	将光标移至此旋钮上后，通过点击鼠标的左键或右键来转动手轮
启动	启动	启动控制系统
停止	关闭	关闭控制系统

7.2 数控车床开关和关机操作步骤

7.2.1 开机操作步骤

打开机床总电源开关，接通机床电源（电源开关一般在机床左侧，沿顺时针方向旋转90°）→ 按下面板上的系统"启动"按钮，系统上电，此时车床电机和伺服控制的指示灯变亮，CRT显示初始页面。系统进行自检查状态 → 检查"急停"按钮是否松开至状态，若未松开，点击"急停"按钮，将其松开。系统进入待机状态，可以进行操作，如图7.2所示。

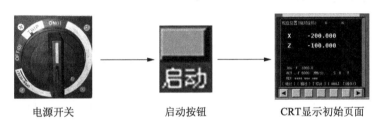

电源开关　　　　　　启动按钮　　　　　CRT显示初始页面

图7.2　开机操作步骤

注意：

（1）系统在启动过程中，不能按到面板上的任何一个按键，否则会引起意想不到的运动并带来危险。

（2）关机重新启动系统时，为了让伺服系统充分放电，关机时间不能少于1min，不要连续短时频繁开关机。

（3）如果开机后机床报警，应检查急停开关是否松开，或是超程。如果超程，则用手摇方式向超程相反的方向移动刀架，并离开参考点一定的距离，解除报警。

7.2.2 关机操作步骤

按"复位"键复位系统 → 按下"急停"按钮，以减少电流对系统硬件的冲击 → 按下机床面板上的"系统停止"开关，让系统断电 → 关闭机床总电源（逆时针旋转机床左侧的电源开关），如图7.3所示。

数控机床关闭电源之前应检查如下项目：

（1）检查操作面板上循环启动LED是否熄灭。

（2）检查数控机床的所有移动部件是否都已停止。

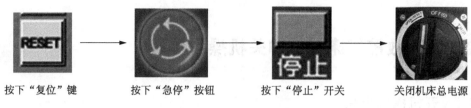

按下"复位"键　　　　　按下"急停"按钮　　　　按下"停止"开关　　　　关闭机床总电源

图7.3　关机操作步骤

（3）若有外部输入/输出设备与数控机床相连，应先关闭外部输入/输出设备的电源。

7.3　数控车床回参考点操作步骤

开机后，必须首先进行回参考点（回零）操作。具有断电记忆功能绝对编码器的机床不用进行回参考点操作。

怎么判断机床使用的是绝对编码器呢？

方法是：参考车床使用说明书电气部分相关说明。如果机床使用的是绝对编码器，那么在机床说明书中通常会注明："伺服电机使用是绝对编码器……"内容。

知识加油站

为什么绝对编码器的机床不用返回参考点？

因为绝对编码器具有记忆功能，机床在出厂之前已经进行了参考点返回，并建立机械坐标系。该坐标系在断电后由编码器记忆保存。因此用户在使用机床时，每次上电后机床不需要返回参考点。

回参考点的目的：建立机床坐标系（机床坐标系即以机床原点为坐标原点建立起来的直角坐标系）。具体步骤如下：

（1）按下"回零"键 ，回零指示灯亮 ，点击操作面板上的"X轴选择"按钮 ，使轴方向移动指示灯变亮 ，点击"正方向"移动按钮 ，此时X轴将回原点，刀架向X正方向移动，CRT上坐标参数显示变化。待X轴回零指示灯亮了 ，表明该轴已回到参考点，如图7.4所示。

（2）待X轴回零指示灯亮后，同样，再点击"Z轴"选择按钮 ，使指示灯变亮，点击 ，Z轴将回到原点，刀架向Z轴的正方向移动，CRT显示屏上坐标参数显示变化。待Z轴回零指示灯亮了 ，表明该轴已回到参考点，如图7.5所示。

图7.4 *X*轴回零CRT显示界面

图7.5 *X*、*Z*轴回零时的CRT显示界面

注意：重复按位置 POS 键，可以在不同的显示页面间切换。

（3）回参考点结束后，方可进行其他操作。

以下是返回参考点操作的注意事项：

（1）不返回参考点机床会产生意想不到的运动，发生碰撞及伤害事故。

（2）机床开机重启后必须立即进行返回参考点操作。

（3）当进行机床锁住、图形演示、空运行操作后，必须重新进行返回参考点操作。

（4）为了保证安全，返回参考点时必须先返回"+X"，再返回"+Z"；如果先"+Z"，则可能导致刀架电机与尾座发生碰撞。

（5）返回参考点时，如果刀架本来就接近参考点位置时，应该用手摇方式，用手轮把刀架往负方向移一段距离。

（6）开机后如果两个坐标都处于参考点位置时，仍然按"回零"键会使机床坐标碰到正限位开关，机床会出现报警。

7.4 数控车床对刀操作（建立工件坐标系的操作步骤）

数控程序一般按工件坐标系编程，对刀的过程就是建立工件坐标系与机床坐标系之间关系的过程。下面具体说明车床对刀的方法。一般采用试切法对刀。其中将工件右端面中心点设为工件坐标系原点。将工件上其他点设为工件坐标系原点的方法与试切法类似。

下面介绍使用试切法对刀设置工件坐标系（G54～G59）的步骤。

设置工件坐标系的实质是测量工件原点偏置值，即测量出工件原点在机床坐标系中的位置（工件原点以机床零点为基准偏移）。当工件装夹到机床上后求出偏移量，并将其数值通过 MDI 面板输入到 G54～G59 规定的数据区。可以用 MDI 键盘预先设定 6 个工件坐标系，设置的步骤是一样的。本书以设置 G54 坐标系为例，来介绍工件坐标系的设置方法。

测量图 7.6 所示机床零点及工件原点相互关系，将其输入到工件坐标系 G54 中。

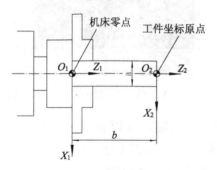

图7.6 设置工件坐标系

具体操作步骤如下：

（1）切削外径：点击操作面板上的"手动"按钮 ▦，手动状态指示灯变亮 ▣，机床进入手动操作模式，点击控制面板上的 ⊠ 按钮，使 X 轴方向移动指示灯变亮 ▨，点击 ⊞ 或 ⊟，使机床在 X 轴方向移动；同样使机床在 Z 轴方向移动。通过手动方式将刀具接近工件，刀具移到如图 7.7 所示的大致位置。

点击操作面板上的主轴控制按钮 ▦ 或 ▦，使其指示灯变亮，主轴转动。点击"X 轴"方向选择按钮 ⊠，使 X 轴方向指示灯变亮 ▨，点击 ⊟，使刀具能切上外圆，再点击"Z 轴"方向选择按钮 ⊠，使 Z 轴方向指示灯变亮 ▨，点

图7.7 刀具接近工件位置

图7.8 试切外圆

击 □，试切工件外圆，看到刚有切屑产生，听到"吱吱"的声音，如图7.8所示。切外圆距离以够卡尺测量外径用即可。然后按 ⊞ 按钮，X方向保持不动，刀具退出。

（2）测量切削位置的直径：点击操作面板上的 ▣ 按钮，使主轴停止转动。用合适规格的游标卡尺测量所切外圆直径X的值，如图7.9所示。

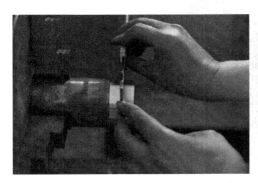

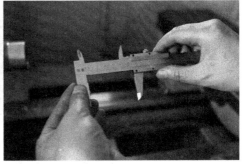

图7.9 测量试切外圆直径

（3）连续单击MDI键盘上的"OFFSET/SETTING"键，当CRT显示如图7.10所示时，利用 ▦ 键，使光标移动到番号01（G54）下的X值上，将刚才测量的直径X值输入。然后单击软键"测量"键（通过单击软键"操作"键，可以进入相应的菜单）。观察到X值由原来的0值，发生改变，如图7.11所示。完成X方向的对刀。

（4）切削端面：点击操作面板上的主轴控制按钮 ▣ 或 ▣，使其指示灯变亮，主轴转动。点击"Z轴"方向选择按钮 ▣，使Z轴方向指示灯变亮 ▣，点击 □，使刀具能沿X方向切上工件。点击控制面板上的 ▣ 按钮，使X轴方向移动指示灯变亮 ▣，点击 □ 按钮，切削工件端面，如图7.12所示。然后按 ⊞ 按钮，Z方向保持不动，刀具退出。

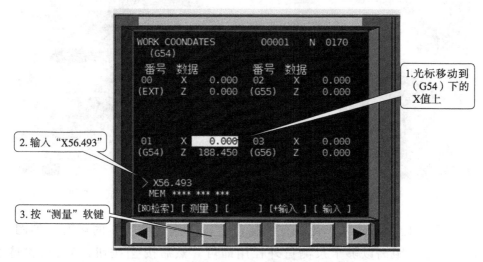

图7.10 输入直径

图7.11 按测量键完成*X*方向对刀

图7.12 切端面

（5）点击操作面板上的"主轴停止"按钮，使主轴停止转动。

（6）同样执行第（3）步操作，把光标定位在G54坐标系的Z值。输入Z0，然后单击软键"测量"键（通过单击软键"操作"，可以进入相应的菜单）。观察到Z值由原来的0值，发生改变，完成Z方向的对刀。如图7.13所示为设置好工件坐标系原点的CRT显示屏的图面。

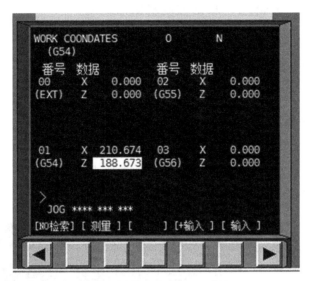

图7.13 完成对刀的CRT显示界面

注意：

（1）对于试切的直径值和切端面的Z0值，也可以通过刀具补正来输入，如图7.14所示。

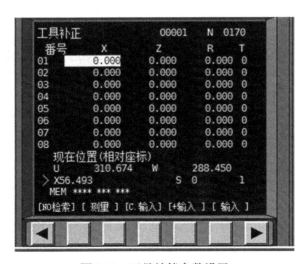

图7.14 刀具补偿参数设置

（2）在对刀时，如需精确调节机床移动时，可用手动脉冲方式调节机床。

① 点击操作面板上的"手动脉冲"按钮或，使指示灯变亮。② 点击控制主轴的转动和停止。③ 操作手轮控制板。④ 扳动"轴选择"旋钮，选择坐标轴。⑤ 扳动"手轮进给速度"旋钮，选择合适的脉冲当量。⑥ 旋转手轮，精确控制机床的移动。

7.5 程序编辑

7.5.1 进入程序管理界面

点击"POS"键进入程序管理界面，点击菜单软键[LIB]，将列出系统中所有的程序（图7.15），在所列出的程序列表中选择某一程序名，当点击"PROG"键将显示该程序（图7.16）。

图7.15 显示程序列表

图7.16 显示当前程序

7.5.2 程序号、程序段及程序的建立

点击操作面板上的编辑键 ▨，编辑状态指示灯变亮 ▨，此时已进入编辑状态。点击MDI键盘上的 PROG，CRT界面转入编辑页面。利用MDI键盘输入"Ox"（x为程序号，但不能与已有程序号的重复），按 INSERT 键，完成程序号的建立。此时CRT界面上将显示一个空程序，可以通过MDI键盘开始程序输入。输入以"Nx"（x为程序段号）开头加各个指令字的一段程序段后，按 INSERT 键则数据输入域中的内容将显示在CRT界面上，用回车换行键 EOB 结束一行的输入后换行。输入若干程序段，完成程序的建立。

7.5.3 编辑程序

点击操作面板上的编辑键 ▨，编辑状态指示灯变亮 ▨，此时已进入编辑状态。点击MDI键盘上的 PROG，CRT界面转入编辑页面。选定了一个数控程序后，此程序显示在CRT界面上，可对数控程序进行编辑操作。

1. 移动光标

按 PAGE 和 PAGE 用于翻页，按方位键 ↓ ↑ ← → 移动光标。

2. 字的检索

输入需要搜索的字母或代码；按 ↓ 开始在当前数控程序中光标所在位置后搜索。（代码可以是：一个字母或一个完整的代码。例如："N0010"，"M"等。）如果此数控程序中有所搜索的代码，则光标停留在找到的代码处；如果此数控程序中光标所在位置后没有所搜索的代码，则光标停留在原处。

3. 字的插入

先将光标移到所需位置，点击MDI键盘上的数字/字母键，将代码输入到输入域中，按 INSERT 键，把输入域的内容插入到光标所在代码后面。

4. 字的删除

按 CAN 键用于删除输入域中的数据。

先将光标移到所需删除字符的位置，按 DELETE 键，删除光标所在的代码。

5. 字的修改

先将光标移到所需替换字符的位置，将替换成的字符通过MDI键盘输入到输入域中，按 ALTER 键，把输入域的内容替代光标所在处的代码。

6. 程序的删除

（1）删除一个数控程序。

点击操作面板上的编辑键 ⊠，编辑状态指示灯变亮 ⊠，此时已进入编辑状态。利用MDI键盘输入"Ox"（x为要删除的数控程序在目录中显示的程序号），按 DELETE 键，程序即被删除。

（2）删除全部数控程序。

点击操作面板上的编辑键 ⊠，编辑状态指示灯变亮 ⊠，此时已进入编辑状态。点击MDI键盘上的 PROG，CRT界面转入编辑页面。利用MDI键盘输入"O～9999"，按 DELETE 键，全部数控程序即被删除。

7. 程序号检索

经过导入数控程序操作后，点击MDI键盘上的 PROG，CRT界面转入编辑页面。利用MDI键盘输入"Ox"（x为数控程序目录中显示的程序号），按 ↓ 键开始搜索，搜索到"Ox"显示在屏幕首行程序号位置，NC程序将显示在屏幕上。

8. 图形显示功能

NC程序导入后，可检查运行轨迹。

点击操作面板上的"自动运行"按钮 ⊡，使其指示灯变亮 ⊡，转入自动加工模式，点击MDI键盘上的 PROG 按钮，点击数字/字母键，输入"Ox"（x为所需要检查运行轨迹的数控程序号），按 ↓ 开始搜索，找到后，程序显示在CRT界面上。点击 CUSTOM GRAPH 按钮，进入检查运行轨迹模式，点击操作面板上的"循环启动"按钮 ⊡，即可观察数控程序的运行轨迹，此时也可通过"视图"菜单中的动态旋转、动态放缩、动态平移等方式对三维运行轨迹进行全方位的动态观察。

7.6　数控车床简单程序上机调试

7.6.1　输入一段程序

例如：输入下面这段程序：

O0011;

N10 T0101;

N20 G98 G54 G0 X100 Z100;

N30 M03S800；

N40 M08；

N50 X62Z2；

N60 G01Z0F200；

N70 X-1；

N80 G00 X50 Z1；

N90 G01 Z0 F100；

N100 X52 Z-1 F60；

N110 W-39 F120 （Z-40）；

N120 X54 F200；

N130 X56W-1 F60 （Z-41）；

N140 Z-80 F120；

N150 X58 F200；

N160 X60W-1F60；

N170 X65；

N180 G00X100Z100；

N190 M30；

操作步骤：点击操作面板上的编辑键 ▨，编辑状态指示灯变亮 ▨，此时已进入编辑状态。点击MDI键盘上的 PROG，CRT界面转入编辑页面。如图7.17所示。利用MDI键盘输入"O0011"（0011为程序号，但不能与已有程序号的重复），按 INSERT 键，完成程序号的输入。用回车换行键 EOB 结束一行的输入后换行。如图7.18所示。此时CRT界面上将显示一个空程序，可以通过MDI键盘开始程序输入。如图7.19所示。输入以"N10"（10为程序

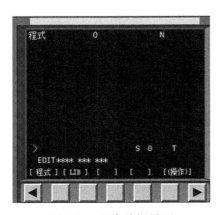

图7.17 程序编辑界面

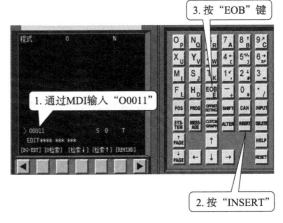

图7.18 程序输入过程

段号）开头加相应指令字、地址符的一段程序段后，按 INSERT 键则数据输入域中的内容将显示在CRT界面上，用回车换行键 EOB 结束一行的输入后换行。依次输入程序段，直到N190程序段，完成程序的输入。如图7.20所示。（说明：在输入过程中，删除、修改方式参照7.5.3的内容。）

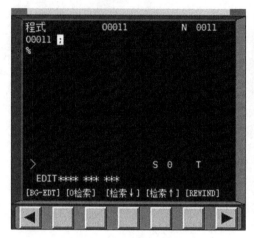

图7.19　程序段输入界面

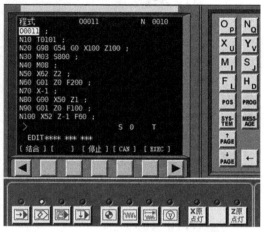

图7.20　完成程序输入界面

7.6.2　主轴的正转、反转、停止

1．手动操作

1）手动/连续方式

点击操作面板上的"手动"按钮，使其指示灯亮，机床进入手动模式。

点击控制主轴的正、反转动和停止。

通过调节主轴旋转倍率键，单击鼠标左右键，可以改变主轴转速快慢。

注意：

刀具切削零件时，主轴需转动。加工过程中刀具与零件发生非正常碰撞后（非正常碰撞包括车刀的刀柄与零件发生碰撞、铣刀与夹具发生碰撞等），系统弹出警告对话框，同时主轴自动停止转动，调整到适当位置，继续加工时需再次点击按钮，使主轴重新转动。

2）手动脉冲方式

在手动/连续方式或在对刀，需精确调节机床时，可用手动脉冲方式调节机床。

点击操作面板上的"手动脉冲"按钮或，使指示灯变亮。

点击 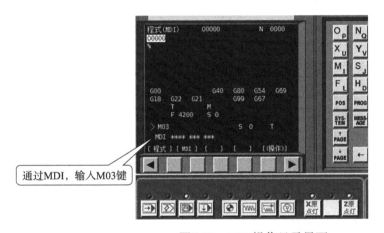 控制主轴的正、反转动和停止。

通过调节主轴旋转倍率⚙，可以改变主轴转速快慢。

2．自动操作

将机床回参考点之后，在MDI模式下，即点击操作面板上"MDI"按钮，使指示灯变亮。点击MDI键盘上的 PROG，CRT界面转入编辑页面，如图7.21所示。利用MDI键盘输入M03（主轴正转指令），按 INSERT 键，点击操作面板上的"循环启动"按钮，主轴开始正转。利用MDI键盘输入M05（主轴停转指令），按 INSERT 键，点击操作面板上的"循环启动"按钮，主轴停止转动。利用MDI键盘输入M04（主轴反转指令），按 INSERT 键，点击操作面板上的"循环启动"按钮，主轴反转。

通过MDI，输入M03键

图7.21　MDI操作显示界面

7.6.3　自动换刀

将机床回参考点之后，在MDI模式下，即点击操作面板上"MDI"按钮，使指示灯变亮。点击MDI键盘上的 PROG，CRT界面转入编辑页面。利用MDI键盘输入T0x00（换x号刀），按 INSERT 键，点击操作面板上的"循环启动"按钮，刀架转动，换成x号刀。

7.6.4　运行程序的选择

经过导入数控程序操作后，点击MDI键盘上的 PROG，CRT界面转入编辑页面。利用MDI键盘输入"Ox"（x为数控程序目录中显示的程序号），按键开始搜索，搜索到"Ox"显示在屏幕首行程序号位置，NC程序将显示在屏幕上。

7.6.5 自动加工方式

1）自动/连续方式

点击操作面板上的"自动运行"按钮▣，使其指示灯变亮▣。

点击操作面板上的"循环启动"按钮▣，程序开始执行。

2）中断运行

数控程序在运行过程中可根据需要暂停，急停和重新运行。

数控程序在运行时，按"进给保持"按钮▣，程序停止执行；再点击"循环启动"按钮▣，程序从暂停位置开始执行。

数控程序在运行时，按下"急停"按钮▣，数控程序中断运行，继续运行时，先将急停按钮松开，再按"循环启动"按钮▣，余下的数控程序从中断行开始作为一个独立的程序执行。

3）自动/单段方式

点击操作面板上的"自动运行"按钮▣，使其指示灯变亮▣。

点击操作面板上的"单节"按钮▣。

点击操作面板上的"循环启动"按钮▣，程序开始执行。

注意：

（1）自动/单段方式执行每一行程序均需点击一次"循环启动"▣按钮。

（2）点击"单节跳过"按钮▣，则程序运行时跳过符号"/"有效，该行成为注释行，程序不执行。

（3）点击"选择性停止"按钮▣，则程序中M01有效。

（4）可以通过"主轴倍率"旋钮▣和"进给倍率"旋钮▣来调节主轴旋转的速度和移动的速度。

（5）按复位 RESET 键可将程序重置。

7.7 简单零件加工操作实例

数控车床一般的加工流程主要包括以下几方面内容：

（1）零件图分析。

（2）确定加工工艺方案（包括零件的毛坯、定位基准和装夹方式；加工所用刀具，切削用量选择，起刀点、换刀点位置，走刀路线）。

（3）编制数控加工程序。

（4）机床开机、回零，输入零件程序。

（5）进行对刀操作。

（6）进行程序校验及加工轨迹检查，优化程序。

（7）进行试件的自动加工。

【例7.1】如图7.22所示的零件，毛坯是ϕ45mm×80mm的棒料，材料为45钢，完成零件外形轮廓的车削加工。

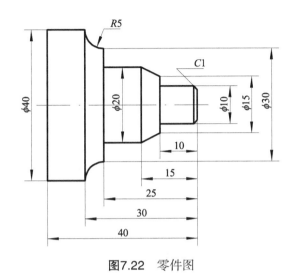

图7.22 零件图

（1）零件图分析。

该零件的外形轮廓加工面由外圆柱面、圆锥面、圆弧面、端面、倒角构成。是一个单调性的轴类零件。表面粗糙度和精度方面没有严格要求。

（2）确定加工工艺方案。

由于该零件为外形简单的轴类零件，可选用通用夹具——三爪自定心卡盘进行装夹。

刀具选择93°外圆车刀，如图7.23所示。

走刀路线及切削用量选择如表7.3所示。

图7.23 工件、刀具装夹

表7.3 工步划分及切削用量选择

工　步	转速（r/min）	进给量（mm/r）	背吃刀量（直径，mm）
粗加工	600	0.2	2
精加工	1000	0.1	0.5

（3）编制数控加工程序。

参考加工程序如下所示。

程　序	注　释
O0071 ；	（定义程序名）
G97 G99 M03 S600 ；	（主轴以 600r/min 正转，进给方式选择每转进给）
T0101 ；	（选择 1 号刀 1 号刀具补偿）
G00 X46 Z2 ；	（接近工件，到达循环起点）
G71 U1 R0.5 ；	（调用外圆粗车复合循环。选择 1mm 的背吃刀量，0.5mm 的退刀量）
G71 P10 Q20 U0.5 W0 F0.2 ；	（精加工第一个程序段段号为 10，最后一个程序段段号为 20，精加工余量 X 方向 0.5mm，Z 方向不留余量，进给速度 0.2mm/r）
N10 G00 X0 S1000 ；	（接近工件，精加工时，主轴转速提高到 1000r/min）
G01 Z0 F0.1 ；	（精加工时，以 0.1 mm/r 开始切削）
X8 ；	（到达工件）
X10 Z-1 ；	（切倒角）
Z-10 ；	（切 ϕ10mm 的圆柱面）
X15 ；	（切端面）
X20 Z-15 ；	（切外圆锥面）
Z-25 ；	（切 ϕ20mm 圆柱面）
X30 ；	（切端面）
G02 X40 Z-30 R5 ；	（切圆弧面）
N20 Z-40 ；	（切 ϕ40mm 圆柱面）
G70 P10 Q20 ；	（调用精车循环）
G00 X100 Z100 ；	（快速退刀到达换刀点）
M05 ；	（主轴停转）
M30 ；	（程序结束，并回到程序开始位置）

（4）机床开机、回零，输入零件程序（参考前面2、3、5部分操作说明）。

（5）进行对刀操作（参考前面4部分操作说明，见图7.24）。

（6）进行程序校验及加工轨迹检查，优化程序（参照前面5部分中图形

图7.24 切外圆完成X向对刀

显示检查操作说明）。

（7）进行试件的自动加工（参考前面6部分操作说明，见图7.25）。

图7.25 完成外形轮廓加工

7.8 数控车床安全操作规程

1．安全注意事项

（1）操作前阅读并理解使用说明书中有关安全操作的内容和机床上所有的警示，不遵守这些细则和警示可能导致重大人身伤亡事故。

（2）机床启动及自动运行时，身体的任何部位请勿接近或接触机床的运动部件。

（3）接触工件、刀具、主轴前，必须确保机床停止运转。

（4）保护、联锁及其他安全装置不到位或无效时请勿操作机床。

（5）必须可靠夹紧工件和切削刀具。

（6）操作机床时要戴保护眼镜、防护耳罩、穿安全鞋。

（7）机床的安装和维修必须由胜任此工作的专业人员进行，并且按照使用说明书中内容要求的程序来做。在维修前应切断主电源，确认机器在所有时间都处于安全操作状态是操作者的责任。

（8）操作者应遵守机床的安全操作规程。

（9）操作者必须每班清理两次下导轨上的铁屑，保证防护门正常移动。

（10）如果在该机床安全操作方面有其他疑问，请和机床的经销商联系。

2. 机床安全操作规程

（1）数控车床由专职人员负责管理，任何人员使用该设备及其工具、量具等必须服从该设备负责人的管理。未经设备负责人允许，不能任意开动机床。

（2）参加实习的学生必须服从指导人员的安排。任何人使用本机床时，必须遵守本操作规程。在工场内禁止大声喧哗、嬉戏追逐；禁止吸烟；禁止从事一些未经指导人员同意的工作，不得随意触摸、启动各种开关。

（3）操作机床时为了安全起见，穿着要合适，不得穿短裤、穿拖鞋；女学员禁止穿裙子，长头发要盘在适当的帽子里；凡是操作机床时，禁止带手套、并且不能穿着过于宽松的衣服。

（4）装夹、测量工件时要停机进行。

（5）使用机床前必须先检查电源连接线、控制线及电源电压。认真对数控系统进行润滑保养。

（6）在运行加工前，首先检查工件、刀具有无稳固锁紧，确认操作的安全性。手动操作时，设置刀架移动速度宜在1500mm/min以内，增量值应设置在50mm/min以内。一边按键，一边要注意刀架移动的情况。

（7）禁止随意改变机床内部的装置。

（8）机床工作时，操作者不能离开车床。当程序出错或机床性能不稳定时，应立即关机，消除故障后方能重新开机操作。

（9）开动车床应关闭保护罩，以免发生意外事故。主轴未完全停止前，禁止触摸工件、刀具或主轴。触摸工件、刀具或主轴时要注意是否烫手，小心灼伤。

（10）在操作范围内，应把刀具、工具、量具、材料等物品放在工作台上，机床上不应放任何杂物。

（11）手潮湿时勿触摸任何开关或按钮，手上有油污时禁止操控控制面板。

（12）在使用电动卡盘装夹工件时，按至卡爪与工件接触则卡爪停止移动，以电机堵转时间即为夹紧，这时应迅速放开按钮以免堵转时间过长而损坏电气元件，造成卡盘不能正常工作。

（13）设置卡盘运转时，应让卡盘卡一工件，负载运转。禁止卡爪张开过大和空载运行。空载运行时容易使卡盘松懈，卡爪飞出，卡盘伤人。

（14）操控控制面板上的各种功能按钮时，一定要辨别清楚并确认无误后，才能进行操控。不要盲目操作。在关机前应关闭机床面板上的各功能开关（例如转速、转向开关）。

（15）机床出现故障时，应立即切断电源，并立即报告现场指导人员，勿带故障操作和擅自处理。现场指导人员应做好相关记录。

（16）在机床实操时，只允许一名学员单独操作，其余非操作的学员应离开工作区，等候轮流上机床实操。实操时，同组学员要注意工作场所的环境，互相关照、互相提醒，防止发生人员或设备的安全事故。

（17）任何人在使用设备后，都应把刀具、工具、量具、材料等物品整理好，并做好设备清洁和日常设备维护工作。

（18）要保持工作环境的清洁，每天下班前要清理工作场所；以及必须每天做好防火、防盗工作，检查门窗是否关好，相关设备和照明电源开关是否关好。

3．开机前的准备工作

（1）机床所用工装应符合机床的技术参数、尺寸和型号。

（2）刀具磨损严重或损坏，直接影响工件加工或损坏机床，因此在开机前应将这些刀具换下。

（3）机床加工区要有良好的照明，以便于安全检测。

（4）机床周围的工具及其他物品应存放有序，保持环境整洁及通道畅通。

（5）工具、工装或其他物品不要摆放在主轴箱、刀架或类似的位置上。

（6）一定要注意工件中心孔的大小及角度，因为如果重型圆柱件的中心孔太小，加工时，工件很可能会跳出顶尖。

（7）工件的长度应在限定的范围内，以防止发生干涉。

（8）刀具安装后，应进行试运转。

4．工作过程中的安全注意事项

（1）不要披长发操作机床，操作人员一定要戴工作帽后再工作。

（2）工件一定要夹牢。

（3）要在停车的状态下，调整冷却液的喷嘴。

（4）不要触摸旋转中的工件和主轴。

（5）在自动加工过程中，不要打开机床门。

（6）在进行重载加工时，应防止切屑堆积。

（7）操作开关时不要戴手套，以免引起误动等后果。

（8）主轴和刀架停止动作后，才允许从机床上卸下工件。

（9）在车削加工工件时，不要清理切屑。

（10）操作机床时，不要打开防护门。

（11）重型工件需要移动时，要几个人协调一起干，以免发生危险。

（12）刀头上的切屑要用刷子清理，不得用手去清理。

（13）应在停车状态下安装或卸下刀具。

（14）加工镁铝合金时，操作者应佩戴防毒面具。

（15）加工较大直径，刀具进行换刀时，应注意安全，以防刀具与防护结构碰撞。

（16）在完成加工工件后，需要暂时离开机床时，关闭操作板上的电源开关，同时也将主线路开关关闭。

（17）自动运转中，不得进入刀架的运动范围，以免造成重大人身伤亡事故。

·确认刀架的分度动作。

·切记锁紧刀杆。

·保持刀具安装平衡。

·注意刀具各部分是否干涉。

·不要让带磁性的东西靠近传感器。

（18）主轴运转时，不得触及卡盘、工件等旋转物品。

5. 完成加工后的注意事项

（1）停机前，不得进行清理工作。

（2）停机后，一定要进行清理，清理铁屑，清理门等。

（3）将机床各部件返回初始位置。

（4）检查刮屑器有无损坏，如有损坏，应及时更换。

（5）检查润滑油、液压油和冷却液的污染情况，如污染较重，及时更换。

（6）检查润滑油、液压油和冷却液的使用量，如有减少，及时补充。

（7）清理水箱过滤器。

（8）下班离开机床前，应将操作板上的电源开关，机床主线路开关及